土木工程实验教程

王　博　刘万锋　胡爱萍　主　编

合肥工业大学出版社

图书在版编目(CIP)数据

土木工程实验教程/王博,刘万锋,胡爱萍主编.—合肥:合肥工业大学出版社,2021.7
ISBN 978-7-5650-5274-3

Ⅰ.①土… Ⅱ.①王…②刘…③胡 Ⅲ.①土木工程—实验—高等学校—教材
Ⅳ.①TU-33

中国版本图书馆CIP数据核字(2021)第145149号

土木工程实验教程

王 博 刘万锋 胡爱萍 主编

责任编辑	张择瑞
出版发行	合肥工业大学出版社
地　　址	(230009)合肥市屯溪路193号
网　　址	www.hfutpress.com.cn
电　　话	理工图书出版中心:0551-62903204
	营销与储运管理中心:0551-62903198
开　　本	787毫米×1092毫米 1/16
印　　张	10.5
字　　数	256千字
版　　次	2021年7月第1版
印　　次	2021年7月第1次印刷
印　　刷	安徽联众印刷有限公司
书　　号	ISBN 978-7-5650-5274-3
定　　价	30.00元

如果有影响阅读的印装质量问题,请与出版社营销与储运管理中心联系调换。

前　　言

土木工程实验是土木工程类专业培养方案中规定的必修课程，是土木工程类专业教学计划的重要组成内容，是理论与实践相结合的必备教学环节，是培养高素质专业人才实践教学环节的重要部分。

土木工程实验教学不仅帮助学生明确实验目的、理解实验原理，掌握实验方法，而且有助于增强学生动手能力，提高学生工程素养，培养学生创新意识，同时有利于学生全面掌握所学理论知识、锻炼应用技能、培养科学态度、开拓创新精神和塑造坚韧品格。

本实验教程依据现行国家行业规范、规程、标准和我校新版人才培养方案进行编写，主要讲述了土木工程类专业所涉及的土木工程材料、材料力学、工程测量、流体力学、土力学、建筑结构试验等课程具有代表性的实验项目，以方便任课教师的实验教学与实践指导，方便学生实验时学习使用，达到规范实验教学程序，增强实验教学效果，提升实验教学水平的目的。

本实验教程适用于高等院校土木工程类本、专科相关师生，同时也可供土木工程设计、施工、监理和科研人员等学习参考。本实验教程详细介绍了各实验项目的实验目的、仪器设备、实验原理、实验步骤和实验结果等。全书共 6 章，前言和前四章由陇东学院土木工程学院王博编写，第五章由陇东学院土木工程学院胡爱萍编写，第六章由陇东学院土木工程学院刘万锋编写，全书由王博统稿。

本书的编写，得到了陇东学院著作基金资助及相关部门的大力支持，也得到了同行专家的鼎力相助。本书编写过程中，参考和引用了相关规范、规程、标准和众多专家学者的相关文献成果，在此一并表示由衷的感谢！由于编者水平有限，书中难免存在不妥和疏漏之处，恳请专家同行和读者批评指正。

编　者

2020 年 12 月

目　　录

第一章　土木工程材料实验

本章主要讲述常用土木工程材料的相关实验，土木工程材料实验是掌握土木工程材料性能的重要实践环节。通过本章的学习和实验，一是熟悉土木工程材料的相关规范、标准与技术要求，对具体材料的性状有更进一步的认识，巩固与丰富理论知识。二是掌握材料常规实验的基本方法和操作技能，学会正确使用各种实验仪器设备，具有对常用土木工程材料独立进行质量检定的能力。三是掌握处理实验数据的科学方法，培养学生运用所学理论进行科学研究、分析问题和解决问题的能力。四是培养学生的工程实践能力和创新能力。

第一节　水泥实验

实验一　水泥密度实验

1. 实验目的

掌握水泥等粉状物料密度的测试方法，测定绝对密实状态下单位体积水泥的质量，以熟悉水泥的基本性质。

2. 仪器设备

李氏瓶(图 1－1)、量筒、天平(称量 500 g，感量 0.01 g)、干燥箱、干燥器、恒温水浴、方孔筛(0.90 mm)、小勺和温度计(量程 0～50 ℃，分度值不大于 0.1 ℃)等。

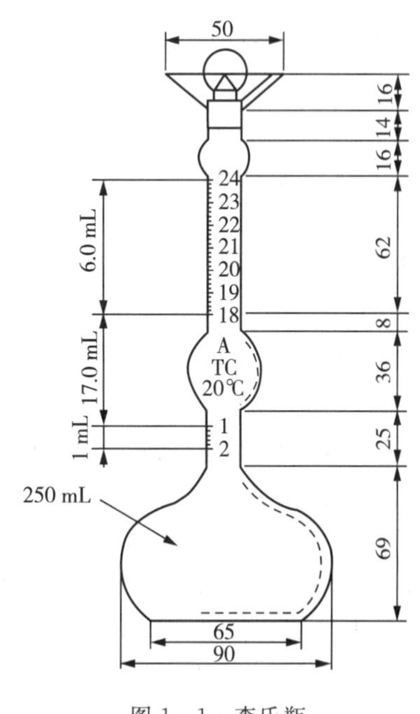

图 1－1　李氏瓶

3. 实验步骤

(1)将水泥试样通过 0.90 mm 的方孔筛，然后放入(110±5)℃的干燥箱内烘干 1 h，取出并放入干燥器内冷却至室温[(20±1)℃]。

(2)称取水泥 60 g 记为 m，精确至 0.01 g。

(3)将无水煤油注入李氏瓶中，使其液面到达李氏瓶瓶颈 0～1 mL 刻度之间，盖上瓶塞将李氏瓶放入(20±1)℃的恒温水浴中，使刻度部分浸入水中至少 30 min，初读李氏瓶内无水煤油凹液面的刻度值 V_1。

(4)从恒温水浴中取出李氏瓶，用滤纸将李氏瓶细长颈内没有煤油的部分仔细擦干净。

(5)用小勺缓慢将试样装入李氏瓶中，反复摇动(亦可用超声波震动或磁力搅拌等)，直至没有气泡排出，再次将李氏瓶静置于恒温水浴中，使刻度部分浸入水中至少 30 min，记下第二次李氏瓶内无水煤油凹液面的刻度值 V_2。第一次读数和第二次读数时，恒温水浴的温度差不大于 0.2 ℃。

4. **实验结果**

(1)结果按式(1-1)计算水泥密度 ρ(精确至 0.01 g/cm^3)：

$$\rho=\frac{m}{V_2-V_1} \tag{1-1}$$

式中，ρ——水泥密度(g/cm^3)；

m——水泥质量(g)；

V_1——李氏瓶第一次读数(mL)；

V_2——李氏瓶第二次读数(mL)。

(2)用两个试样平行进行实验，以两个试样结果的算术平均值作为最后结果，但两结果之差不应超过 0.02 g/cm^3，否则重做。

实验二　水泥细度测定实验

1. **实验目的**

掌握测定水泥等粉状物料颗粒粗细程度的方法，测定 80 μm 方孔筛筛余量，以评定水泥细度是否满足质量要求。

2. **仪器设备**

负压筛析法：负压筛析仪(负压可调范围 4000～6000 Pa)、负压筛(筛孔 0.08 mm)和天平(称量 100 g，感量 0.01 g)等。

水筛法：水筛及筛座、喷头(直径 55 mm，孔径 0.5～0.7 mm，孔数 90 个)、天平(称量 100 g，感量 0.01 g)和干燥箱等。

手工筛析法：标准筛(筛孔 0.08 mm，筛框有效直径 150 mm，高 50 mm)和天平(称量 100 g，感量 0.01 g)等。

3. **实验步骤**

(1)负压筛析法实验步骤如下：

① 筛析实验前，将负压筛放在筛座上，盖上筛盖，接通电源，检查控制系统，调节负压为 4000～6000 Pa。

② 称取试样 25 g(精确至 0.01 g)，倒入洁净的负压筛中，盖上筛盖，放在筛座上。

③ 启动负压筛析仪连续筛析 2 min。筛析期间如有试样附着在筛盖上，可轻轻敲击，使试样落下。

④ 筛析完毕，取下筛子，倒出筛余物，用天平称取筛余物质量 R_S(精确至 0.01 g)。

(2)水筛法实验步骤如下：

① 筛析实验前，检查水中无泥砂，调整好水压和水筛架的位置，使其能正常运转。喷头底面至筛网之间的距离为 35～75 mm。喷头与水筛装置如图 1-2 所示。

② 称取水泥试样 50 g(精确至 0.01 g)倒入洁净的水筛中，立即用洁净的淡水冲洗至大部分细粉通过，再将筛子置于筛架上，用水压为(0.05±0.02)MPa 的喷头连续冲洗 3 min。

③ 筛毕取下并用少量水将筛余物全部冲至蒸发皿内，等水泥颗粒全部沉淀后将水慢慢倒出。

④ 将蒸发皿放在干燥箱内烘至恒重后，称量筛余物质量 R_S(精确至 0.01 g)。

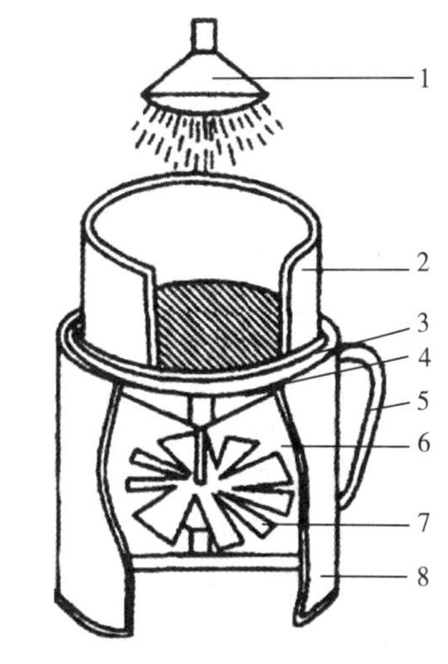

1—喷头；2—筛框；3—筛网；4—筛座；5—把手；6—出水口；7—叶轮；8—外筒。

图 1-2　喷头与水筛装置

(3)手工筛析法实验步骤如下：

① 称取水泥试样 50 g(精确至 0.01 g)倒入手工筛内。

② 用一只手持筛往复摇动，另一只手轻轻拍打，拍打速度约 120 次/min，每 40 次向同一方向转动 60°，往复摇动和拍打过程应尽可能保持水平，使试样均匀分布在筛网上，直至每分钟通过的试样量不超过 0.03 g 为止。

③ 称量全部筛余物质量 R_S(精确至 0.01 g)。

4. 实验结果

(1)水泥试样筛余百分率 F 按式(1-2)计算(精确至 0.1%)：

$$F=\frac{R_S}{W}\times 100\% \tag{1-2}$$

式中，F——水泥试样筛余百分率(%)；

R_S——水泥筛余物质量(g)；

W——水泥试样质量(g)。

(2)合格评定时，每个样品应称取两个试样分别筛析，取筛余平均值为筛析结果。若两次筛余结果绝对误差大于 0.5%时(筛余值大于 5.0%时可放宽至 1.0%)应再做一次实验，取两次相近结果的算术平均值作为最终结果。

(3)水泥细度测定分负压筛析法、水筛法和手工筛析法三种。在检验中，当三种测定的结果发生争议时，以负压筛析法结果为准。

实验三　水泥标准稠度用水量测定实验

1. 实验目的

掌握测定水泥净浆标准稠度用水量的标准方法，测定水泥净浆达到规定稀稠程度时的用水量占水泥用量的百分比，进一步熟悉水泥的性能，为测定水泥的凝结时间和体积安定性实验做准备。

2. 仪器设备

(1)维卡仪：标准稠度试杆由有效长度(50±1)mm，直径(10±0.05)mm 的圆柱形耐腐蚀金属制成。滑动部分的总质量(300±1)g，与试杆、试针联结的滑动杆表面应光滑，能靠重力自由下落，不得有紧涩和旷动现象。试模深度(40±0.2)mm，顶内径(65±0.5)mm、底内径(75±0.5)mm，水泥标准稠度和凝结时间维卡仪如图1-3所示。

(2)水泥净浆搅拌机：由搅拌锅(锅口内径130 mm，深95 mm)、搅拌叶和控制系统等组成。

(3)量筒(最小刻度0.1 mL，精度1%)、天平(称量1000 g，感量1 g)、铲子、直边刀(宽约25 mm)和玻璃板等。

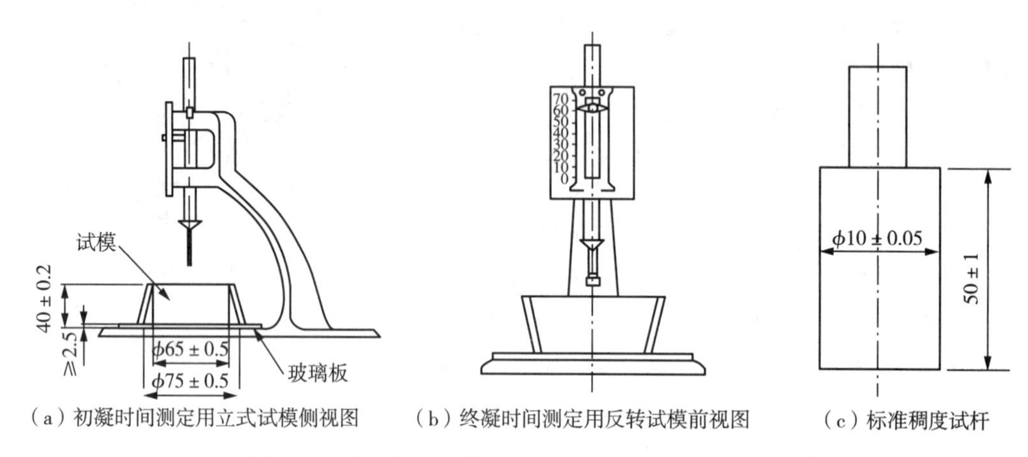

图1-3 水泥标准稠度和凝结时间维卡仪(单位：mm)

3. 实验步骤

(1)检查维卡仪的金属杆能否自由滑动，用湿布擦拭试模和玻璃底板，将试模放在玻璃底板上，调整试杆使试杆接触玻璃底板，且此时指针应对准标尺零点，搅拌机应运转正常。

(2)用湿布擦拭水泥净浆搅拌机的搅拌锅和搅拌叶，将拌和水倒入搅拌锅内，然后用5～10 s将称好的500 g水泥试样缓缓倒入水中，防止水和水泥溅出，将搅拌锅固定在搅拌机的底座上，升至搅拌位置。

(3)启动搅拌机，慢速搅拌120 s，停15 s，同时将叶片和锅壁上的水泥刮入锅中间，接着快速搅拌120 s后停机。

(4)搅拌结束后，立即取适量水泥净浆一次性装入已放在玻璃底板上的试模中，用宽约25 mm的直边刀轻轻拍打超出试模部分的浆体5次以排除浆体中的孔隙，然后在试模上表面略倾斜于试模分别向外轻轻锯掉多余净浆，再从试模边沿轻抹顶部一次，使净浆表面光滑。在这个过程中注意不要压实净浆。

(5)抹平后迅速将试模和玻璃底板移至维卡仪上，并将其中心定在试杆下，降低试杆直至与水泥净浆表面接触，拧紧螺丝1～2 s后，突然放松，使试杆垂直自由地沉入水泥净浆中。

(6)在试杆停止下沉或释放试杆30 s时记录试杆与底板之间的距离。升起试杆后，立即擦净，整个操作应在搅拌后1.5 min内完成。

4. 实验结果

(1)水泥标准稠度用水量 P 按式(1-3)计算(精确至0.1%)：

$$P=\frac{m}{500}\times 100\% \quad (1-3)$$

式中，m——搅拌用水量（mL）。

（2）实验以试杆沉入水泥净浆距底板（6±1）mm 的水泥净浆为标准稠度净浆。其搅拌用水量为该水泥的标准稠度用水量，按水泥质量的百分比计。

实验四　水泥凝结时间测定实验

1. 实验目的

掌握用维卡仪测定水泥初凝和终凝时间的方法，测定水泥达到初凝和终凝所需要的时间，以评定水泥的质量。

2. 仪器设备

湿气养护箱、维卡仪（图 1－3）、初凝和终凝用试针[初凝针有效长度（50±1）mm，终凝针有效长度（30±1）mm，直径均为（1.13±0.05）mm]，如图 1－4 所示。

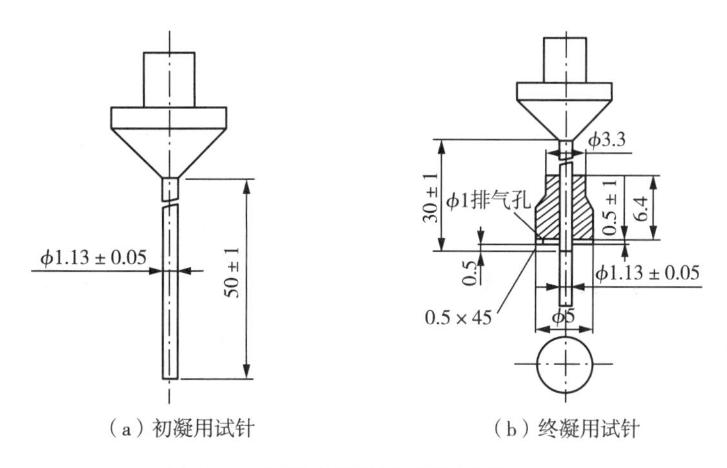

（a）初凝用试针　　（b）终凝用试针

图 1－4　初凝和终凝用试针（单位：mm）

3. 实验步骤

（1）以水泥标准稠度用水量测定实验方法制浆和装模后，立即放入温度为（20±1）℃，相对湿度不低于 90%的湿气养护箱中，并以水泥全部加入水中的时间作为凝结时间的起始时间。

（2）初凝时间的测定：调整测定仪，使试针接触玻璃底板时的指针为零。试样在养护箱养护至加水后 30 min 时进行第一次测定。测定时，从湿气养护箱中取出试模放在试针下，调整试针与水泥净浆表面接触，拧紧螺丝 1～2 s 后，突然放松，试针垂直自由地沉入水泥净浆，记录试针停止下沉或释放试针 30 s 时指针的读数。临近初凝时每隔 5 min（或更短时间）测定一次，当试针沉至距玻璃底板（4±1）mm 时为水泥达到初凝状态。

（3）终凝时间的测定：为了准确观察试针沉入的状况，在终凝试针上安装一个环形附件。在完成初凝时间的测定后，立即将试模连同浆体以平移的方式从玻璃底板取下，翻转 180°，直径大端向上，小端向下放在玻璃底板上，再放入养护箱中继续养护，临近终凝时每隔 15 min（或更短时间）测定一次。当试针沉入试体 0.5 mm 时，即环形附件开始不能在试体上留下痕迹时，为水泥达到终凝状态。

4. **实验结果**

(1)由水泥全部加入水中至试针沉至距玻璃底板(4±1)mm 时所经过的时间为初凝时间，单位用 min 表示。

(2)由水泥全部加入水中至试针沉入试体 0.5 mm 时，即环形附件开始不能在试体上留下痕迹时所经过的时间为终凝时间，单位用 min 表示。

实验五　水泥安定性测定实验

1. **实验目的**

掌握水泥安定性的检测标准方法，检验水泥加水拌和后在硬化过程中体积变化是否均匀，是否因体积变化而引起膨胀、裂缝或翘曲现象，以评定水泥安定性是否满足质量要求。

2. **仪器设备**

雷氏夹(图 1-5)、雷氏夹膨胀测定仪(图 1-6)、沸煮箱、水泥净浆搅拌机和湿气养护箱等。

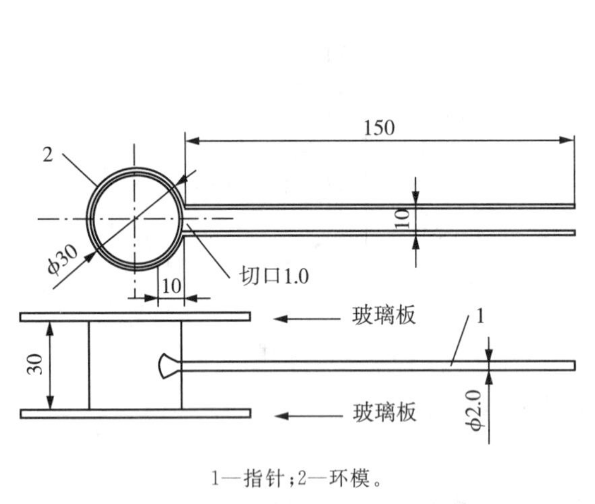

1—指针；2—环模。

图 1-5　雷氏夹(单位：mm)

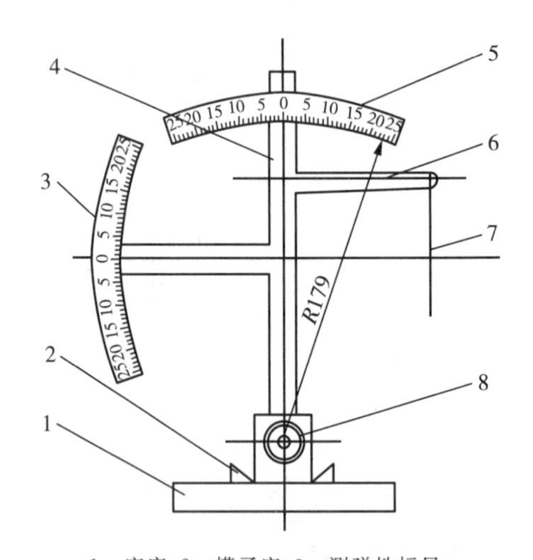

1—座底；2—模子座；3—测弹性标尺；4—立柱；5—测膨胀值标尺；6—悬臂；7—悬丝；8—弹簧顶钮。

图 1-6　雷氏夹膨胀测定仪

3. **实验步骤**

(1)每个试样须成型两个试件，每个雷氏夹需配备两个边长或直径约 80 mm、厚度 4～5 mm 的玻璃板，凡与水泥净浆接触的玻璃板和雷氏夹内表面都要稍稍涂上一层矿物油。

(2)将预先准备好的雷氏夹放在已稍擦油的玻璃板上，并立即将已制好的标准稠度净浆一次装满雷氏夹，装浆时一只手轻轻扶持雷氏夹，另一只手用宽约 25 mm 的直边刀在浆体表面轻轻插捣 3 次，然后抹平，盖上稍涂油的玻璃板，接着立即将试件移至湿气养护箱内养护(24±2)h。

(3)调整好沸煮箱内的水位，保证在整个沸煮过程中都超过试件，不需中途添补实验用水，同时又能保证在(30±5)min 内升至沸腾。

(4)脱去玻璃板取下试件，先测量雷氏夹指针尖端的距离(A)，精确至 0.5 mm，接着将试件放入沸煮箱水中的试样架上，指针朝上，然后在(30±5)min 内加热至沸腾并恒沸(180±5)min。

4. 实验结果

沸煮结束后，立即放掉沸煮箱中的热水，打开箱盖，待箱体冷却至室温，取出试件进行判别。测量煮后雷氏夹指针尖端的距离(C)，精确至 0.5 mm，当两个试件煮后增加距离($C-A$)的平均值不大于 5.0 mm 时，即认为该水泥安定性合格。当两个试件煮后增加距离(C－A)的平均值大于 5.0 mm 时，应用同一样品立即重做一次实验。以复检结果为准。

实验六　水泥胶砂强度测定实验

1. 实验目的

掌握测定水泥强度的方法，测定水泥硬化到一定龄期后胶结能力的大小，以确定水泥的强度等级。

2. 仪器设备

行星式水泥胶砂搅拌机(图 1－7)、胶砂振实台、水泥试模、水泥抗折强度实验机、压力实验机、湿气养护箱和天平等。

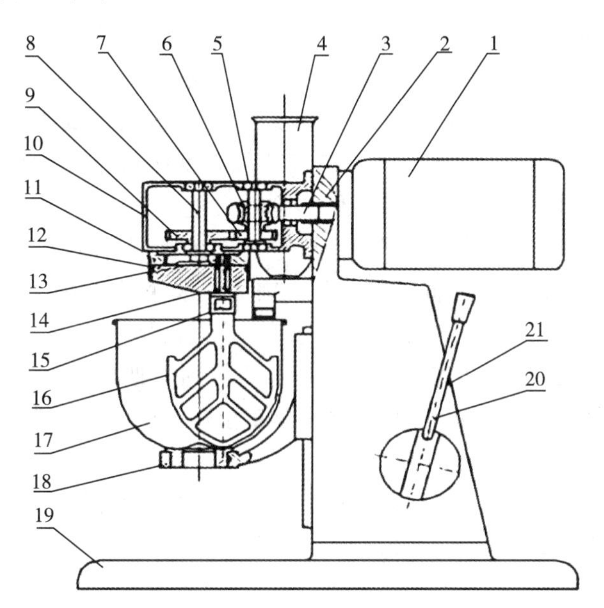

1—电机；2—联轴器；3—蜗杆；4—砂斗；5—传动箱子；6—齿轮；7—主轴；8—主轴；9—齿轮；10—传动箱；11—内齿轮；12—偏心座；13—行星齿轮；14—搅拌叶轴；15—调节螺母；16—挖拌叶；17—搅拌锅；18—支座；19—底座；20—手柄；21—立柱。

图 1－7　行星式水泥胶砂搅拌机

3. 实验步骤

(1)胶砂制备

胶砂的质量配合比为一份水泥、三份标准砂和半份水。一锅胶砂成三条试体，每锅材料需要量为水泥(450±2)g、标准砂(1350±5)g、水(225±1)g。

先用湿布擦拭搅拌机的搅拌锅和搅拌叶，然后把水加入锅内，再加入水泥，把锅放在固定架上，上升至固定位置。然后立即启动搅拌机，低速搅拌 30 s 后，在第二个 30 s 开始的同时均匀地加入砂子(当各级砂是分装时，从最粗粒级开始，依次将所需的每级砂量加完)，高速再拌 30 s；停拌 90 s，在第一个 15 s 内用一胶皮刮具将叶片和锅壁上的胶砂，刮入锅中间；在高速下继续搅拌 60 s。注意各个搅拌阶段，时间误差应在±1 s 以内。

(2)试件成型

胶砂制备后立即进行成型(40 mm×40 mm×160 mm)棱柱体。将空试模和模套固定在振实台上，用一个适当勺子直接从搅拌锅里将胶砂分两层装入试模。装第一层时，每个槽里约放 300 g 胶砂，用大播料器垂直架在模套顶部沿每个模槽来回一次将料层播平，接着振实 60 次。再装入第二层胶砂，用小播料器播平，再振实 60 次。移走模套，从振实台上取下试模，用金属直尺以近似 90°的角度架在试模模顶的一端，然后沿试模长度方向以横向锯割动作缓慢向另一端移动，一次将超过试模部分的胶砂刮去，并用同一直尺以近乎水平的情况下将试体表面抹平。在试模上用做标记或加字条的方式标明试件编号和试件相对于振实台的位置。

(3)养护脱模

养护箱养护：将做好标记的试模放入湿气养护箱的水平架上养护，养护箱的温度保持在(20±1)℃，相对湿度不低于 90%。对于 24 h 以上龄期的，应在成型后 20～24 h 脱模；对于 24 h 龄期的，应在成型实验前 20 min 内脱模。脱模前，对试体进行编号，两个龄期以上的试体，在编号时应将同一试模中的三条试体分在两个以上龄期内。已确定作为 24 h 龄期实验的已脱模试体，应用湿布覆盖至做实验时为止。

水中养护：将做好标记的试体立即水平或竖直放在(20±1)℃水中养护，水平放置时刮平面应朝上。养护期间试体之间间隔或试件上表面的水深不得小于 5 mm。每个养护池只养护同类型的水泥试体，试件在水中养护期间不允许全部换水。

除 24 h 龄期或延迟至 48 h 脱模的试体外，任何到龄期的试体应在实验(破型)前 15 min 从水中取出。擦去试体表面沉积物，并用湿布覆盖至做实验时为止。

(4)强度实验

试体龄期是从水泥加水搅拌开始实验时算起。不同龄期强度实验应在规定时间里进行：24 h±15 min、48 h±30 min、72 h±45 min、7 d±2 h、>28 d±8 h。

① 抗折强度实验

将试体一个侧面放在实验机支撑圆柱上，试体长轴垂直于支撑圆柱，通过加载圆柱以(50±10)N/s 的速率均匀地将荷载垂直地加在棱柱体相对侧面上，直至折断，记录抗折破坏荷载 F_f(N)。保持两个半截棱柱体处于潮湿状态直至抗压实验。

② 抗压强度实验

将折断的半截棱柱体置于抗压夹具中，以试体的侧面作为受压面。半截棱柱体中心与压力机压板受压中心差应在±0.5 mm 内，棱柱体露在压板外的部分约有 10 mm。在整个加载过程中以(2400±200)N/s 的速率均匀地加载直至破坏，并记录破坏时的最大荷载F_c(N)。

4. **实验结果**

(1)抗折强度

抗折强度 R_f 按式(1-4)计算(精确至0.1 MPa):

$$R_f=\frac{1.5F_fL}{b^3} \tag{1-4}$$

式中,F_f——折断时施加于棱柱体中部的荷载(N);

L——支撑圆柱之间的距离(mm);

b——棱柱体正方形截面的边长(mm)。

实验以一组三个棱柱体抗折结果的算术平均值作为实验结果。当三个强度值中有抗折结果超出平均值±10%时,应剔除这一抗折结果后再取平均值作为抗折强度实验结果。

(2)抗压强度

抗压强度 R_c 按式(1-5)计算(精确至0.1 MPa):

$$R_c=\frac{F_c}{A} \tag{1-5}$$

式中,F_c——破坏时的最大荷载(N);

A——受压部分面积(40 mm×40 mm=1600 mm^2)。

实验以一组三个棱柱体得到的六个抗压强度测定值的算术平均值作为实验结果。如六个测定值中有一个测定值超出六个平均值的±10%,应剔除这个结果,以剩下五个测定值的平均值作为结果。如剩下的五个测定值中再有测定值超过它们平均值的±10%时,则此组实验结果作废。

第二节 骨料实验

实验一 砂子筛分析实验

1. **实验目的**

掌握测定砂子颗粒级配的方法,计算细度模数,以确定砂子的粗细程度,为混凝土用砂的配合比设计提供依据。

2. **仪器设备**

鼓风干燥箱、天平(称量1000 g,感量1 g)、方孔筛(孔径为150 μm、300 μm、600 μm、1.18 mm、2.36 mm、4.75 mm及9.50 mm的筛各一只,并附有筛底和筛盖,筛框内径为300 mm)、震击式标准振筛机(图1-8)、浅盘和毛刷等。

图1-8 震击式标准振筛机

3. **实验步骤**

(1)按规定取样,筛除大于9.50 mm的颗粒(并算出筛余百分率),将试样缩分至约1100 g,放入(105±

5)℃的干燥箱内烘至恒量，待冷却至室温后，分为大致相等的两份备用。

(2)称取试样 500 g，精确至 1 g。将试样倒入按孔径大小从上到下组合的套筛(附筛底)上，然后进行筛分。

(3)将套筛置于振筛机上，摇 10 min，取下套筛，按筛孔大小顺序再逐个用手筛，筛至每分钟通过量小于试样总量 0.1%时为止。通过的试样并入下一号筛中，并和下一号筛中的试样一起过筛。按此顺序进行，直至各号筛全部筛完为止。

(4)称出各号筛的筛余量，精确至 1 g，试样在各号筛上的筛余量不得超过按式(1-6)计算出的量：

$$G=\frac{A\times d^{1/2}}{200} \tag{1-6}$$

式中，G——在一个筛上的筛余量(g)；

A——筛面面积(mm^2)；

d——筛孔尺寸(mm)。

超过时按下列方法之一处理：

① 将该粒级试样分成少于按上式计算出的量，分别筛分，并以筛余量之和作为该号筛的筛余量。

② 将该粒级及以下各粒级的筛余混合均匀，称出其质量，精确至 1 g。再用四分法缩分为大致相等的两份，取其中一份，称出其质量，精确至 1 g，继续筛分。计算该粒级及以下各粒级的分计筛余量时应根据缩分比例进行修正。

4. 实验结果

(1)计算分计筛余百分率：各号筛的筛余量与试样总质量之比，精确至 0.1%。

(2)计算累计筛余百分率：该号筛的分计筛余百分率加上该号筛以上各分记筛余百分率之和，精确至 0.1%。筛分后，如每号筛的筛余量与筛底的剩余量之和同原试样质量之差超过 1%时，须重新实验。

(3)砂子细度模数(M_x)按式(1-7)计算(精确至 0.01)：

$$M_x=\frac{(A_2+A_3+A_4+A_5+A_6)-5A_1}{100-A_1} \tag{1-7}$$

式中，M_x——细度模数；

A_1、A_2、A_3、A_4、A_5、A_6——分别为 4.75 mm、2.36 mm、1.18 mm、600 μm、300 μm、150 μm 筛的累计筛余百分率。

(4)累计筛余百分率取两次实验结果的算术平均值，精确至 1%。细度模数取两次实验结果的算术平均值，精确至 0.1；如两次实验的细度模数之差超过 0.20 时，须重新实验。

(5)根据各号筛的累计筛余百分率，采用修约值比较法评定该试样的颗粒级配。

实验二　石子表观密度实验

1. 实验目的

掌握测定方法，测定石子表观密度，反映石子的坚实性和耐久程度，以评定石子质量，为混凝土用石子的配合比设计提供依据。

2. 仪器设备

广口瓶(1000 mL,磨口并带 100 mm×100 mm 玻璃片)、鼓风干燥箱、天平(称量 2 kg,感量 1 g)、方孔筛(孔径为 4.75 mm 的筛一只)、温度计、浅盘、毛巾和刷子等。

3. 实验步骤

(1)按规定取样,并缩分至略大于表 1-1 规定的数量,风干后筛除粒径小于 4.75 mm 的颗粒,然后洗刷干净,分成大致相等的两份备用。

表 1-1 表观密度实验所需试样数量

石子最大粒径/mm	<26.5	31.5	37.5	63.0	75.0
最少试样质量/kg	2.0	3.0	4.0	6.0	6.0

(2)将试样浸水饱和,然后装入广口瓶中。装试样时,广口瓶应倾斜放置,注入饮用水,用玻璃片覆盖瓶口,以上下左右摇晃的方法排除气泡。

(3)气泡排尽后,向瓶中添加饮用水,直至水面凸出瓶口边缘。然后用玻璃片沿瓶口迅速滑行,使其紧贴瓶口水面。擦干瓶外水分后,称取试样、水、瓶和玻璃片总质量,精确至 1 g。

(4)将瓶中试样倒入浅盘,放入(105±5)℃的干燥箱内烘至恒量,待冷却至室温后,称出其质量,精确至 1 g。

(5)将瓶洗净,重新注入饮用水,用玻璃片紧贴瓶口水面,擦干瓶外水分后,称出水、瓶和玻璃片总质量,精确至 1 g。

4. 实验结果

(1)表观密度 ρ_0 按式(1-8)计算(精确至 10 kg/m³):

$$\rho_0=\left(\frac{G_0}{G_0+G_2-G_1}-\alpha_t\right)\times\rho_{水} \tag{1-8}$$

式中,ρ_0——表观密度(kg/m³);

$\rho_{水}$——水的密度(1000 kg/m³);

G_0——烘干试样的质量(g);

G_1——试样、水、瓶和玻璃板片的总质量(g);

G_2——水、瓶和玻璃板片的总质量(g);

α_t——水温对表观密度影响的修正系数,不同水温对碎石和卵石的表观密度影响的修正系数见表 1-2 所列。

表 1-2 不同水温对碎石和卵石的表观密度影响的修正系数

水温/℃	15	16	17	18	19	20	21	22	23	24	25
α_t	0.002	0.003	0.003	0.004	0.004	0.005	0.005	0.006	0.006	0.007	0.008

(2)实验以两次实验结果的算术平均值为测定值,两次实验结果之差应小于20 kg/m³,否则须重新实验。

(3)对颗粒材质不均匀的试样,如两次实验结果之差超过 20 kg/m³,可取 4 次实验结果的算术平均值。

注：测定表观密度的方法有液体比重天平法和广口瓶法。其中广口瓶法不宜用于测定最大粒径大于37.5 mm的碎石或卵石的表观密度。

实验三　石子堆积密度与空隙率实验

1. 实验目的

掌握测定方法，测定石子堆积密度与空隙率，为混凝土用石子的配合比设计提供依据，或用于估计运输工具的数量及存放堆场面积等。

2. 仪器设备

干燥箱、天平（称量10 kg、感量10 g，称量50 kg或100 kg、感量50 g各一台）、容量筒（规格要求见表1-3所列）、垫棒（直径16 mm、长600 mm的圆钢）、直尺和小铲等。

表1-3　容量筒规格要求

石子最大粒径/mm	容量筒规格			
	容积/L	内径/mm	净高/mm	壁厚/mm
9.5,16.0,19.0,26.5	10	208	294	2
31.5,37.5	20	294	294	3
53.0,63.0,75.0	30	360	294	4

3. 实验步骤

（1）按规定取样，烘干或风干后，拌匀并把试样分为大致相等的两份备用。

（2）松散堆积密度：取试样一份，用小铲将试样从量筒口中心上方50 mm处缓慢倒入，让试样以自由落体落下，当容量筒上部试样呈堆体，且容量筒四周溢满时，即停止加料。除去凸出容量筒口表面的颗粒，并以合适的颗粒填入凹陷部分，使表面稍凸起部分和凹陷部分的体积大致相等（实验过程应防止触动容量筒），称取试样和容量筒总质量。

（3）紧密堆积密度：取试样一份，并分三次装入容量筒。每装完一层，在筒底垫放一根直径为16 mm的圆钢，按住筒口或把手，左右交替颠击地面各25次，但筒底所垫圆钢的方向应与装上一层放置方向垂直，三次试样装满完毕后，用钢尺沿筒口边缘刮去高出筒口的试样，并用合适的颗粒填入凹陷部分，使表面稍凸起部分和凹陷部分的体积大致相等，称取试样和容量筒总质量，精确至10 g。

4. 实验结果

（1）松散堆积密度或紧密堆积密度按式（1-9）计算（精确至10 kg/m³）：

$$\rho_1=\frac{G_1-G_2}{V} \tag{1-9}$$

式中，ρ_1——松散堆积密度或紧密堆积密度（kg/m³）；

G_1——容量筒和试样的总质量（g）；

G_2——容量筒的质量（g）；

V——容量筒的容积（L）。

(2)石子的空隙率按式(1－10)计算(精确至1%)：

$$V_0=\left(1-\frac{\rho_1}{\rho_2}\right)\times 100 \tag{1-10}$$

式中，V_0——空隙率(%)；

ρ_1——试样的松散或紧密堆积密度(kg/m³)；

ρ_2——表观密度(kg/m³)。

(3)堆积密度取两次实验结果的算术平均值，精确至10 kg/m³。空隙率取两次实验结果的算术平均值，精确至1%。

实验四　石子筛分析实验

1. 实验目的

掌握筛分析法测定石子的颗粒级配和粗细程度，以便于选择优质粗骨料，达到节约水泥和改善混凝土性能的目的。为混凝土用石子的配合比设计提供依据。

2. 仪器设备

鼓风干燥箱、天平(称量10 kg、感量1 g)、方孔筛(孔径依次为2.36 mm、4.75 mm、9.50 mm、16.0 mm、19.0 mm、26.5 mm、31.5 mm、37.5 mm、53.0 mm、63.0 mm、75.0 mm及90 mm的筛各一只，并附有筛底和筛盖，筛框内径为300 mm)、震击式标准振筛机(图1－8)、浅盘和毛刷等。

3. 实验步骤

(1)按规定取样，并将试样缩分至略大于表1－4规定的数量，烘干或风干后备用。

(2)根据试样的最大粒径，按表1－4的规定数量称取试样一份，精确至1 g。将试样倒入按孔径大小从上到下组合的套筛(附筛底)上，然后进行筛分。

表1－4　筛分析所需试样质量

石子最大粒径/mm	9.5	16.0	19.0	26.5	31.5	37.5	63.0	75.0
最少试样质量/kg	1.9	3.2	3.8	5.0	6.3	7.5	12.6	16.0

(3)将套筛置于振筛机上，摇10 min，取下套筛，按筛孔大小顺序再逐个用手筛，筛至每分钟通过量小于试样总量0.1%时为止。通过的颗粒并入下一号筛中，并和下一号筛中的试样一起过筛。按此顺序进行，直至各号筛全部筛完为止。当筛余颗粒的粒径大于19.0 mm时，在筛分过程中，允许用手指拨动颗粒。

(4)称量各筛的筛余量，精确至1 g。

4. 实验结果

(1)计算分计筛余百分率：各号筛的筛余量与试样总质量之比，精确至0.1%。

(2)计算累计筛余百分率：该号筛及以上各筛的分计筛余百分率之和，精确至1%。筛分后，如每号筛的筛余量与筛底的筛余量之和同原试样质量之差超过1%时，须重新实验。

(3)根据各号筛的累计筛余百分率，采用修约值比较法评定该试样的颗粒级配。

第三节　普通混凝土实验

实验一　混凝土取样与试样的制备

1. 取样

(1)同一组混凝土拌合物的取样,应在同一盘混凝土或同一车混凝土中取样。取样量应多于实验所需量的1.5倍,且不宜小于20 L。

(2)混凝土拌合物的取样应具有代表性,宜采用多次采样的方法。宜在同一盘混凝土或同一车混凝土中的1/4处、1/2处和3/4处分别取样,并搅拌均匀;第一次取样和最后一次取样的时间间隔不宜超过15 min。

(3)宜在取样后5 min内开始各项性能实验。

2. 试样的制备

(1)一般规定

① 拌制混凝土拌合物时实验室相对湿度不宜小于50%,温度应保持在(20±5)℃,所用材料、实验设备等温度应与实验室温度一致。若需要模拟施工条件下所用的混凝土时,原材料的质量、规格和温度条件应与施工现场保持一致。

② 混凝土拌合物一次搅拌量不宜少于搅拌机公称容量的1/4,不应大于搅拌机公称容量,且不应少于20 L。搅拌2 min以上,直至搅拌均匀。

③ 拌制混凝土的材料用量以质量计。称量精确度为骨料称量精度,为±0.5%,水、水泥、掺合料和外加剂称量精度为±0.2%。

④ 从试样制备完毕到开始做各项性能实验不宜超过5 min。

(2)仪器设备

搅拌机(容积75～100 L,转速18～22 r/min)、台秤(称量50 kg,感量50 g)、天平(称量5 kg,感量1 g)、量筒(200 mL,1000 mL)、铁拌板(1.5m×1.5m)和拌铲等。

(3)搅拌方法

① 人工拌合:按所定配合比备料,以全干状态为准。将拌板和拌铲用湿布润湿后,把砂倒在拌板上,然后加入水泥,用拌铲自拌板一端翻拌至另一端,如此反复,直至充分混合,颜色均匀,再放入称好的粗骨料与之拌合,继续翻拌,直至混合均匀为止,然后堆成锥形。在中心做一凹坑,将称量好的水,倒一半左右到凹坑中,勿使水溢出,小心翻拌均匀。再将材料堆成圆锥形做一凹坑,倒入剩余的水,继续搅拌。每翻拌一次,用拌铲在拌合物面上压切一次,至少翻拌6次。搅拌时间(从加水时算起)随拌合物体积不同,宜按如下规定控制:拌合物体积为30 L以下时,拌合4～5 min;体积为30～50 L时,拌合5～9 min;体积为50～75 L时,拌合9～12 min。拌好后,立即做坍落度实验或试件成型实验,从开始加水时算起,全部操作须在30 min内完成。

② 机械拌合:搅拌前,先预拌一次,即用少量同种混凝土拌合物或水胶比相同的砂浆,在搅拌机中进行涮膛,然后倒出并刮去多余的砂浆,其目的是使水泥砂浆黏附满搅拌机的筒壁,以免正式搅拌时影响拌合物的配合比。然后,按照所需数量,称取全干状态下

的各种材料，分别按石子、砂、水泥依次装入料斗，开动机器徐徐地加入定量的水，搅拌 2 min，全部加料时间不得超过 2 min。将混凝土拌合物倾倒在拌板上，再经人工翻拌 1～2 min，即可做坍落度实验或试件成型实验。从开始加水时算起，全部操作须在 30 min 内完成。

实验二　坍落度实验

1. 实验目的

掌握测定混凝土拌合物坍落度的实验方法，判断混凝土拌合物的流动性、黏聚性和保水性，综合评定混凝土的和易性，作为调整混凝土配合比和控制混凝土质量的依据。

2. 仪器设备

坍落度筒、钢制捣棒（图 1－9）、底板（平面尺寸不小于 1500 mm×1500 mm，厚度不小于 3 mm 的钢板）、钢尺（量程不应小于 300 mm，最小刻度 1 mm）、小铁铲和抹刀等。

3. 实验步骤

（1）用湿布润湿坍落度筒及其他用具，并把坍落度筒放在已准备好的刚性水平底板中央，用脚踩住两边的脚踏板，使坍落度筒在装料时保持在固定的位置。

（2）把混凝土试样用小铲分三层均匀地装入筒内，每装一层混凝土拌合物，用捣棒由边缘到中心按螺旋形均匀插捣 25 次，捣实后每层混凝土拌合物试样高度约为筒高的三分之一。

（3）插捣底层时，捣棒应贯穿整个深度，插捣第二层和顶层时，捣棒应插透本层至下一层的表面。插捣顶层过程中，如混凝土拌合物低于筒口时，应随时添加。插捣完后，取下装料漏斗，刮去多余的混凝土拌合物，并沿筒口抹平。

（4）清除筒边底板上的混凝土后，应垂直平稳地在 3～7 s 内提起坍落度筒，并轻放于试样旁边。当试样不再继续坍落或坍落时间达 30 s 时，用钢尺测量出筒高与坍落后混凝土试体最高点之间的高度差，作为该混凝土拌合物的坍落度值（图 1－10）。

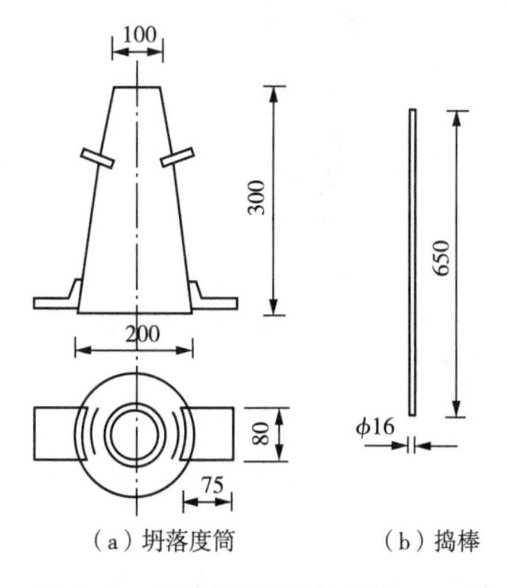

图 1－9　坍落度筒及捣棒（单位：mm）

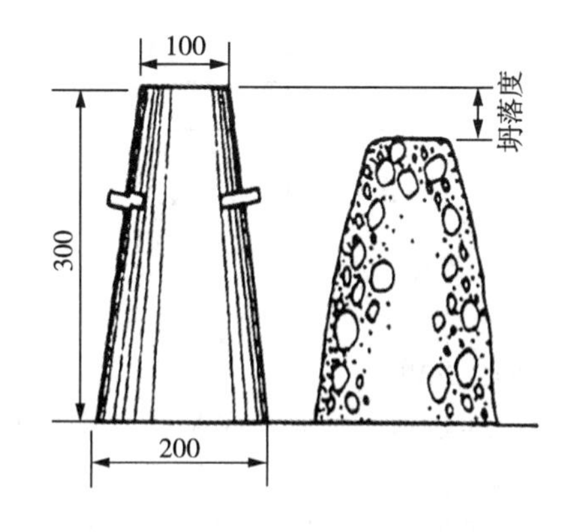

图 1－10　坍落度（单位：mm）

（5）坍落度筒提离后，如混凝土发生一边崩坍或剪坏现象时，须重新取样另行测定。第二次实验仍出现上述现象时，则表示该混凝土和易性不好，应记录说明。

(6)从开始装料到提坍落度筒的整个过程应不间断地进行，并应在 150 s 内完成。

(7)观察坍落后的混凝土拌合物试体的黏聚性与保水性：黏聚性的检查方法是用捣棒在已坍落的混凝土拌合物锥体侧面轻轻敲打，此时如果锥体逐渐下沉（或保持原状），则表示黏聚性良好，如果倒坍、部分崩裂或出现离析现象，则表示黏聚性不好。保水性以混凝土拌合物中稀浆析出程度来评定，坍落度筒提起后如有较多稀浆从底部析出，锥体部分的混凝土拌合物也因失浆而骨料外露，则表明其保水性不好。如坍落度筒提起后无稀浆或仅有少量稀浆自底部析出，则表示其保水性能良好。

4. **实验结果**

(1)混凝土拌合物坍落度值测量应精确至 1 mm，结果应修约至 5 mm。

(2)该实验方法主要适用于坍落度值不小于 10 mm 的混凝土拌合物坍落度的测定，骨料最大公称粒径不大于 40 mm。

实验三　维勃稠度实验

1. **实验目的**

使用维勃稠度仪测定混凝土拌合物坍落度，判断混凝土拌合物的流动性、黏聚性和保水性，综合评定混凝土的和易性，作为调整混凝土配合比和控制混凝土质量的依据。

2. **仪器设备**

维勃稠度仪（图 1－11）、秒表（精度不低于 0.1 s）和钢制捣棒（直径 16 mm，长650 mm，端部呈弹头形）等。

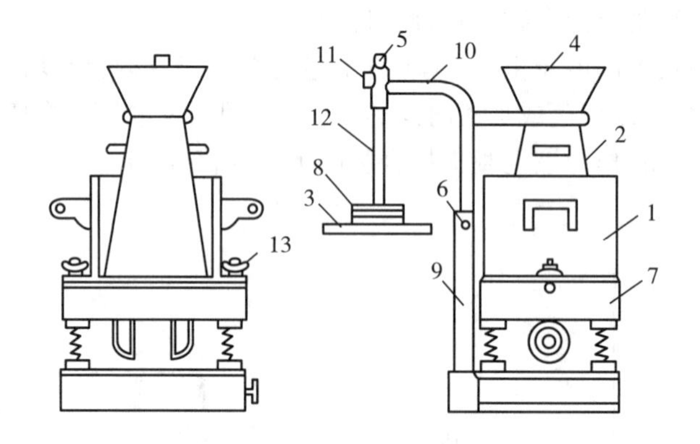

1—容器；2—坍落度筒；3—透明圆盘；4—喂料斗；5—套筒；6—定位器；7—振动台；8—荷重；9—支柱；10—旋转盘；11—测杆螺丝；12—测杆；13—固定螺丝。

图 1－11　维勃稠度仪

3. **实验步骤**

(1)把维勃稠度仪放置在坚实水平的地面上，用湿布把容器、坍落度筒、喂料斗内壁及其他用具湿润无明水。

(2)将喂料斗提到坍落度筒上方扣紧，校正容器位置，使其中心与喂料斗中心重合，然后拧紧固定螺丝。

(3)将混凝土试样用小铲分三层均匀地装入筒内，每装一层混凝土拌合物，应用捣棒由边缘到中心按螺旋形均匀插捣25次，捣实后每层混凝土拌合物试样高度约为筒高的三分之一。插捣底层时，捣棒应贯穿整个深度，插捣第二层和顶层时，捣棒应插透本层至下一层的表面。插捣顶层过程中，如混凝土拌合物低于筒口时，应随时添加。

(4)顶层插捣完把喂料斗转离，沿坍落度筒口刮平顶面，垂直地提起坍落度筒，此时应注意不能使混凝土拌合物试体产生横向扭动。

(5)将透明圆盘转到混凝土圆台体顶面，放松测杆螺丝，降下圆盘，使其轻轻接触到混凝土顶面。

(6)拧紧定位螺丝，并检查测杆螺丝是否已经完全放松。

(7)开启振动台的同时用秒表计时，当振动到透明圆盘的整个底面被水泥浆布满的瞬间停止计时，并关闭振动台。

4. 实验结果

(1)由秒表记录的时间即为该混凝土拌合物的维勃稠度值，精确至1 s。

(2)该实验方法适用于骨料最大公称粒径不大于40 mm，维勃稠度为5～30 s的混凝土拌合物维勃稠度的测定。

实验四　凝结时间测定实验

1. 实验目的

测定不同品种水泥、不同外加剂、不同混凝土配合比以及不同气温环境下混凝土拌合物的凝结时间，以控制现场施工流程。

2. 仪器设备

贯入阻力仪(最大量程不应小于1000 N，精度±10 N，如图1-12所示)、测针(长度100 mm，承压面积100 mm^2、50 mm^{2}和20 mm^{2}三种，且在距贯入端25 mm处应有明显标记)、试样筒(上口内径160 mm、下口内径150 mm、净高150 mm的刚性不透水带盖金属圆筒)、钢制捣棒(直径16 mm，长650 mm，端部呈弹头形)、标准筛(孔径为5 mm)、铁制拌合板、吸液管和玻璃片等。

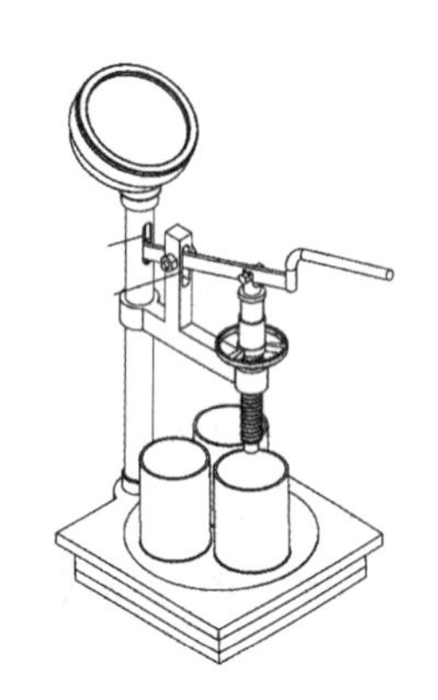

图1-12　贯入阻力仪

3. 实验步骤

(1)试样制备

① 取混凝土拌合物试样，用标准筛筛出砂浆并搅拌均匀，一次性分别装入三个试样筒中。

② 取样混凝土坍落度不大于90 mm时，宜用振动台振实砂浆；取样混凝土坍落度大于90 mm时，宜用捣棒人工捣实。用振动台振实砂浆时，振动应持续到表面出浆为止，不得过振；用捣棒人工捣实时，应沿螺旋方向由外向中心均匀插捣25次，然后用橡皮锤敲击筒壁，直至表面插捣孔消失为止。振实或插捣后，砂浆表面宜低于砂浆试样筒口10 mm，并应立即加盖。

③ 砂浆试样制备完毕，应置于温度为(20±2)℃的环境中待测，测试过程中除进行吸取泌水或贯入实验外，试样筒应始终加盖。现场同条件测试时，实验环境应与现场一致。

④ 凝结时间测定从混凝土搅拌加水开始计时。根据混凝土拌合物的性能，确定测针实验时间，以后每隔 0.5 h 测试一次，在临近初凝和终凝时，应缩短测试间隔时间。

⑤ 在每次测试前 2 min，将一片(20±5)mm 厚的垫块垫入筒底一侧使其倾斜，用吸液管吸去表面的泌水，吸水后复原。

(2)贯入阻力实验

① 根据试样的贯入阻力大小选择测针。在测试过程中应以测针承压面积从大到小的顺序更换测针，更换测针应按表 1-5 的规定选用。一般当砂浆表面测孔边出现微裂缝时，应立即更换较小面积的测针。

表 1-5 测针选用规定表

单位面积贯入阻力/MPa	0.2～3.5	3.5～20	20～28
测针面积/mm^2	100	50	20

② 将砂浆试样筒放在贯入阻力仪上，测针端部与砂浆表面接触，应在(10±2)s 内均匀地使测针贯入砂浆(25±2)mm 深度，记录最大贯入阻力值，精确至 10 N，记录测试时间，精确至 1 min。

③ 每个砂浆筒每次测 1～2 个点，各测点的间距不应小于 15 mm，测点与试样筒壁的距离不应小于 25 mm。

④ 每个试样的贯入阻力测定不少于 6 次，直至单位面积贯入阻力大于 28 MPa 为止。

4. 实验结果

(1)单位面积贯入阻力按式(1-11)计算(精确至 0.1 MPa)：

$$f_{PR}=\frac{P}{A} \tag{1-11}$$

式中，f_{PR}——单位面积贯入阻力(MPa)；

P——贯入阻力(N)；

A——测针面积(mm^2)。

(2)凝结时间按式(1-12)计算：

$$\ln t=a+b\ln f_{PR} \tag{1-12}$$

式中，t——单位面积贯入阻力对应的测试时间(min)；

a、b——线性回归系数。

(3)凝结时间也可用绘图拟合方法确定，应以单位面积贯入阻力为纵坐标，测试时间为横坐标，绘制出单位面积贯入阻力与测试时间之间的关系曲线；分别以 3.5 MPa 和 28 MPa 绘制两条平行于横坐标的直线，与曲线交点的横坐标应分别为初凝时间和终凝时间；凝结时间结果应用“h:min”表示，精确至 5 min。

(4)实验结果以三个试样的初凝时间和终凝时间的算术平均值作为最后结果。三个测值的最大值或最小值中有一个与中间值之差超过中间值的 10%时，应以中间值作为实验结果；最大值和最小值与中间值之差均超过中间值的 10%时，须重新实验。

实验五　混凝土立方体抗压强度实验

1. 实验目的

测定混凝土立方体的抗压强度，以检验材料质量，确定、校核混凝土配合比，并为控制施工质量提供依据。

2. 仪器设备

压力实验机、振动台、养护箱、试模(150 mm×150 mm×150 mm)和钢尺等。

3. 实验步骤

(1)混凝土立方体抗压强度以 150 mm×150 mm×150 mm 试块为标准，亦可采用 200 mm×200 mm×200 mm 试块。当骨料粒径较小时，也可用 100 mm×100 mm×100 mm试块。均以三个试块为一组。

(2)将混凝土拌合物试样一次装入涂有脱模剂的试模中，并用抹刀沿各试模壁插捣，使混凝土拌合物高出试模口。

(3)将试模固定在振动台上，振动时试模不得有任何跳动，振动应持续到表面出浆为止，不得过振。

(4)刮除试模上口多余的混凝土，待混凝土临近初凝时，用抹刀抹平并用薄膜覆盖表面。在温度(20±5)℃的环境中静置一昼夜至两昼夜，然后编号、拆模。

(5)拆模后应立即放入温度为(20±2)℃，相对湿度为 90%以上的标准养护箱中养护 28d(从搅拌加水开始计时)。

(6)试块从养护地点取出后应及时进行实验，以免试块的温度和湿度发生显著变化。

(7)试块在试压前应先擦拭干净，测量尺寸并检查其外观。试块尺寸测量精确至 1 mm，并据此计算试块的承压面积值。如实测尺寸与公称尺寸之差不超过 1 mm，可按公称尺寸进行计算。试块承压面的不平整度，不应大于试块边长的 0.05%，承压面与相邻面的不垂直度不应大于±1°。

(8)把试块安放在压力实验机下压板的中心。试块的承压面应与成型时的顶面垂直。启动压力实验机，当上压板与试块接近时调整球座，使接触均衡。

(9)在实验过程中应连续均匀地加载，混凝土强度等级小于 C30 时，加载速度取每秒钟 0.3～0.5 MPa；强度等级大于等于 C30 且小于 C60 时，取每秒钟 0.5～0.8 MPa；强度等级大于等于 C60 时，取每秒钟 0.8～1.0 MPa。加载过程中注意观察混凝土试块的破坏过程，然后记录破坏荷载。

4. 实验结果

(1)混凝土立方体试块抗压强度按式(1-13)计算(精确至 0.1 MPa)：

$$F_{cu}=\frac{P}{A} \tag{1-13}$$

式中，F_{cu}——混凝土立方体抗压强度(MPa)；

P——破坏荷载(N)；

A——试块承压面积(mm^2)。

(2)实验结果以三个试块的算术平均值作为该组试块的抗压强度值。三个测值中的最大值或最小值中如有一个与中间值的差值超过中间值的15%时，则取中间值作为该组抗压强度值。如最大值和最小值与中间值的差均超过中间值的15%，则该组试块的实验结果无效。

(3)取150 mm×150 mm×150 mm试块的抗压强度值为标准值。用其他尺寸试块测得的强度值均应乘以尺寸换算系数，混凝土强度等级小于C60时，其值对200 mm×200 mm×200 mm试块的换算系数为1.05；对100 mm×100 mm×100 mm试块的换算系数为0.95。当混凝土强度等级大于等于C60时，宜采用标准试块，若使用非标准试块则尺寸换算系数应由实验确定。

实验六　抗折强度实验

1. 实验目的

掌握测定混凝土抗折强度的方法，检验抗折强度是否满足结构设计要求。

2. 仪器设备

抗折试验机、钢尺、试模、抗折实验装置(图1-13)、试件的支座和加载头(直径20～40 mm、长度不小于(b+10)mm的硬钢圆柱，其中b为试件截面宽度，支座立脚点固定铰支，其他应为滚动支点)等。

3. 实验步骤

(1)按制作抗压强度试块的方法成型、养护试件，试件为边长为150 mm×150 mm×600 mm(或550 mm)的棱柱体。

(2)试件从养护地取出后将试样表面擦干净，并及时进行实验。

(3)按图1-13装置的要求安装试件，安装尺寸偏差不得大于1 mm。试件的承压面应为试件成型时的侧面。支座及承压面与圆柱的接触面应平稳、均匀，否则应垫平。

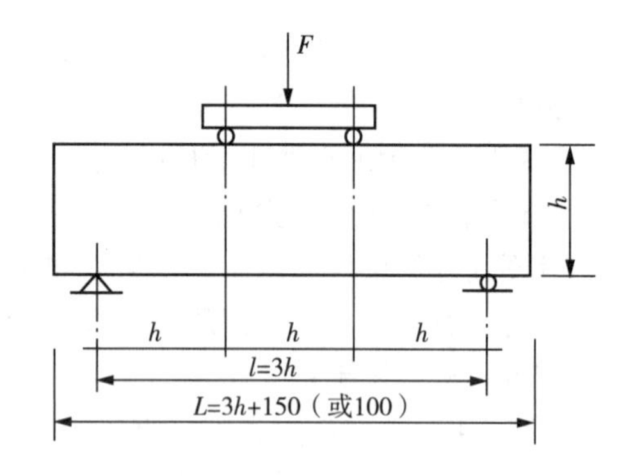

图1-13　抗折试验装置

(4)施加荷载应保持均匀、连续。当混凝土强度等级小于C30时，加载速度取每秒0.02～0.05 MPa；当混凝土强度等级大于等于C30且小于C60时，取每秒0.05～0.08 MPa；当混凝土强度等级大于等于C60时，取每秒0.08～0.10 MPa。直至试件破坏，然后记录破坏荷载。

(5)记录试件破坏荷载的实验机示值及试件下边缘断裂位置。

4. 实验结果

(1)若试件下边缘断裂位置处于两个集中荷载作用线之间，则试件的抗折强度f_t(MPa)按式(1-14)计算：

$$f_t=\frac{Fl}{bh^2} \tag{1-14}$$

式中，f_t——混凝土抗折强度(MPa)；

F——试件破坏荷载(N)；

l——支座间跨度(mm)；

h——试件截面高度(mm)；

b——试件截面宽度(mm)。

(2)实验结果以三个试件测值的算术平均值作为该组试件的强度值，精确至 0.1 MPa。

(3)三个试件中若有一个折断面位于两个集中荷载之外，则混凝土抗折强度值按另外两个试件的实验结果计算。若这两个测值的差值不大于这两个测值的较小值的 15% 时，则该组试件的抗折强度值按这两个测值的平均值计算，否则该组试件的实验无效。若有两个试件的下边缘断裂位置位于两个集中荷载作用线之外，则该组试件的实验无效。

(4)当试件尺寸为 100 mm×100 mm×400 mm 非标准试件时，应乘以尺寸换算系数 0.85；当混凝土强度等级大于等于 C60 时，宜采用标准试件，若使用非标准试件则尺寸换算系数应由实验确定。

实验七　普通混凝土配合比设计实验

1. 实验目的

根据已知混凝土的和易性与强度等级要求，遵照普通混凝土配合比设计规范，设计出普通混凝土基准配合比，然后进行适配和调整，确定符合工程要求的普通混凝土配合比。

2. 工程情况和原材料条件

某工程要求混凝土设计强度等级为 C35，用于室内干燥环境的钢筋混凝土结构。施工要求坍落度为 35～50 mm，混凝土采用机械搅拌，机械振捣。混凝土强度标准差为 4.6 MPa。所用原材料为水泥 42.5 普通硅酸盐水泥，密度为 3.10 g/cm^3；中砂；碎石连续级配 5～20 mm；自来水。

3. 实验步骤

(1)原材料性能实验，具体实验步骤如下。

① 水泥性能实验：细度、凝结时间、安定性、胶砂强度实验。

② 砂：表观密度、堆积密度、筛分析、含泥量和泥块含量实验。

③ 碎石：表观密度、堆积密度、筛分析、压碎指标实验。

(2)计算配合比的确定，具体实验步骤如下。

① 确定配置强度。

② 确定水胶比。

③ 确定 1 m^3 混凝土的用水量。

④ 确定 1 m^3 混凝土中胶凝材料总用量和水泥用量。

⑤ 确定砂率。

⑥ 确定 1 m^3 混凝土中的砂、石用量。

(3)试拌配合比的确定。

(4)配合比的调整和确定。

第四节　建筑砂浆实验

实验一　取样与试样的制备

1. 取样

(1)建筑砂浆实验用料应从同一盘砂浆或同一车砂浆中取样，取样量不应少于实验所需量的4倍。

(2)施工中取样进行砂浆实验时，其取样方法和原则应按现行有关规范执行。一般在实验地点的砂浆槽、砂浆运送车或搅拌机出料口，至少从三个不同的部位取样，现场所取的试样，实验前应人工搅拌均匀。

(3)从取样完毕到开始进行各项性能实验的时间不宜超过15 min。

2. 试样的制备

(1)一般要求

① 在实验室拌制砂浆时，所用材料应提前24 h运入室内，砂应通过公称粒径5 mm筛，实验室的温度应保持在(20±5)℃。

② 在实验室拌制砂浆时，材料用量应以质量计。称量精度：水泥、外加剂、掺合料等为±0.5%，砂为±1%。

③ 拌制前应将搅拌机、铁拌板、拌铲和抹刀等工具表面用水润湿，但不得有积水。

(2)仪器设备

砂浆搅拌机、铁拌板(1.5m×2.0m左右)、磅秤(称量50 kg，感量50 g)、台秤(称量10 kg，感量5 g)、拌铲和量筒等。

(3)搅拌方法

① 人工拌合：按配合比称取各材料用量，将称量好的砂子倒在拌板上，然后加入水泥，用拌铲拌合至混合物颜色均匀为止。将混合物堆成堆，在中间做一凹坑，将称好的石灰膏(或黏土膏)倒入凹坑中(若为水泥砂浆，则将称好的水倒一半到凹坑中)，再倒入部分水将石灰膏(或黏土膏)调稀；然后与水泥、砂共同搅拌，并逐渐加水，直至拌合物颜色一致，和易性凭经验调整到符合要求为止，一般需拌合5 min。

② 机械拌合：按配合比拌适量砂浆，使搅拌机内壁黏附一薄层砂浆，以便正式拌合时不影响砂浆配合比的准确性。搅拌的用量宜为搅拌机容量的30%～70%，搅拌时间不应少于120 s。掺有掺合料和外加剂的砂浆，其搅拌时间不应少于180 s。

实验二　砂浆稠度实验

1. 实验目的

掌握砂浆稠度实验方法，检验砂浆的流动性，用于确定配合比或施工过程中控制砂浆稠度，从而达到控制用水量的目的。

2. 仪器设备

砂浆稠度仪(图1-14)、钢制捣棒(直径10 mm，长350 mm，端部呈弹头形)、量筒、台秤和秒表等。

3. **实验步骤**

(1)将试锥、容器表面用湿布擦净,用少量润滑油轻擦滑杆,保证滑杆自由滑动。

(2)将砂浆拌合物一次装入容器,使砂浆表面低于容器口 10 mm,用捣棒自容器中心向边缘均匀插捣 25 次,然后轻轻敲击容器 5～6 下,使砂浆表面平整,立即将容器置于稠度测定仪的底座上。

(3)把试锥调至尖端与砂浆表面接触,拧紧制动螺丝,使齿条测杆下端刚接触滑杆上端,读取刻度盘上的读数(精确至 1 mm)。

(4)拧开制动螺丝,同时以秒表计时,待 10 s 时立即拧紧螺丝,将齿条测杆下端接触滑杆上端,从刻度盘上读出下沉深度(精确至 1 mm),两次读数的差值即为砂浆稠度值。容器内的砂浆,只允许测定一次稠度,重复测定时,须重新取样测定。

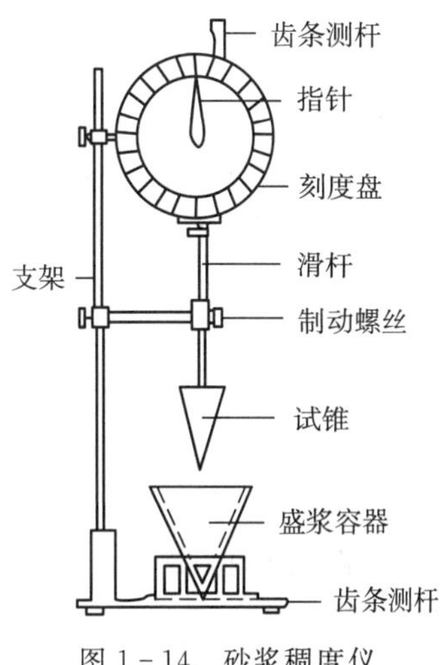

图 1-14 砂浆稠度仪

4. **实验结果**

(1)实验结果以两次实验结果的算术平均值作为最后结果,精确至 1 mm。

(2)若两次实验值之差大于 10 mm 时,须重新取样测定。

实验三 分层度实验

1. **实验目的**

掌握砂浆分层度实验方法,测定砂浆分层度,用于衡量砂浆拌合物在运输、停放、使用过程中的离析、泌水等内部组分的稳定性。

2. **仪器设备**

砂浆分层度测定仪(图 1-15)、水泥胶砂振动台[振幅(0.5±0.05)mm,频率(50±3)Hz]和砂浆稠度仪等。

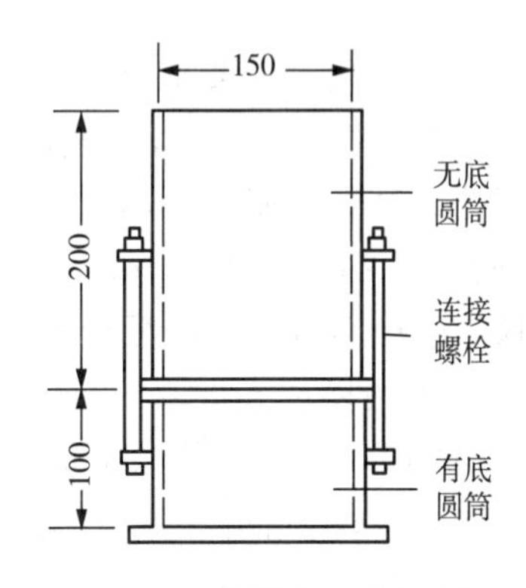

图 1-15 砂浆分层度测定仪
(单位:mm)

3. **实验步骤**

(1)标准法

① 按砂浆稠度实验方法测定砂浆拌合物稠度。

② 将砂浆拌合物一次装满分层度筒,用木棰在分层度筒四周距离大致相等的四个不同部位轻轻敲击 1～2下,如砂浆沉落到分层度筒口以下,应随时添加,然后刮去多余的砂浆并用抹刀抹平。

③ 静置 30 min 后,去掉上节 200 mm 砂浆,将剩余的 100 mm 砂浆倒出放在搅拌锅内拌 2 min,再按稠度实验方法测定其稠度。前后测得的稠度之差即为该砂浆的分层度值(单位为 mm)。

(2)快速法

① 按砂浆稠度实验方法测定砂浆拌合物稠度。

② 将分层度筒预先固定在振动台上，将砂浆拌合物一次装满分层度筒，振动 20 s。

③ 去掉上节 200 mm 砂浆，将剩余的 100 mm 砂浆倒出放在搅拌锅内拌 2 min，再按稠度实验方法测定其稠度。前后测得的稠度之差即为该砂浆的分层度值(单位为 mm)。

4. **实验结果**

(1)实验结果以两次实验结果的算术平均值作为该砂浆分层度值，精确至 1 mm。

(2)两次分层度实验值之差大于 10 mm 时，须重新实验。

(3)砂浆的分层度宜为 10～30 mm，若大于 30 mm 易产生分层、离析和泌水等现象，若小于 10 mm 则砂浆过干，不宜铺设且容易产生干缩裂缝。

(4)两种实验方法结果有争议时，以标准法实验结果为准。

实验四　凝结时间实验

1. **实验目的**

掌握测定砂浆凝结时间的实验方法，测定砂浆的贯入阻力，用以表示砂浆凝结时间。

2. **仪器设备**

砂浆凝结时间测定仪(图 1－16)和时钟等。

3. **实验步骤**

(1)将制备好的砂浆拌合物装入砂浆容器，并低于容器上口 10 mm，轻轻敲击容器并抹平，盖上盖子，放在(20±2)℃的室温条件下保存。

(2)砂浆表面泌水不清除，将容器放到压力表圆盘上，调节调节螺母 3，使贯入试针与砂浆表面接触，松开调节螺母 2，再调节调节螺母 1，以确定压入砂浆内部的深度为 25 mm 后再拧紧调节螺母 2，转动调节螺丝 8，使压力表指针调到零点。测定贯入阻力值，用截面为 30 mm^2 的贯入试针与砂浆表面接触，在 10 s 内缓慢而均匀地垂直压入砂浆内 25 mm 深处，每次贯入时记录仪表读数 N_p，贯入杆至少离开容器边缘或已贯入部位至少 12 mm。

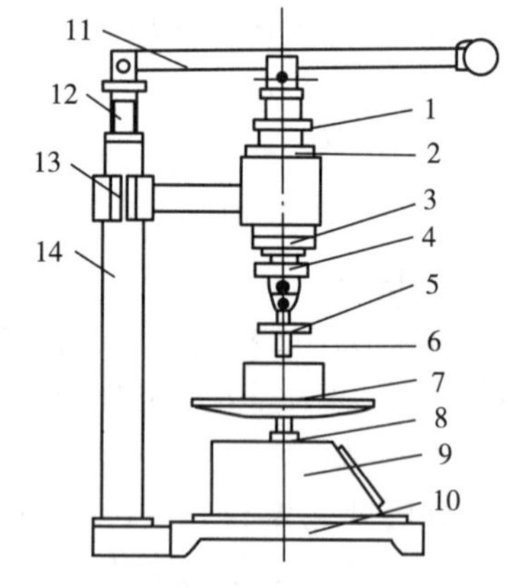

1—调节套；2、3、8—调节螺母；4—夹头；5—垫片；6—试针；7—试模；9—压力表座；10—底座；11—操作杆；12—调节杆；13—立架；14—立柱。

图 1－16　砂浆凝结时间测定仪

(3)在(20±2)℃的实验条件下，实际贯入阻力值在成型后 2 h 开始测定，从搅拌加水时算起，然后每隔半小时测定一次，至贯入阻力达到 0.3 MPa 后，改为每 15 min 测定一次，直至贯入阻力值达到 0.7 MPa 为止。

4. **实验结果**

(1)砂浆贯入阻力值按式(1－15)计算(精确至 0.01 MPa)：

$$F_p = \frac{N_p}{A_p} \tag{1-15}$$

式中，F_p——贯入阻力值(MPa)；

N_p——贯入深度至 25 mm 时的静压力(N)；

A_p——贯入度试针截面积，即 30 mm^2。

(2)确定砂浆凝结时间

① 分别记录贯入时间和贯入阻力值，并绘制贯入阻力与时间的关系图，由图求出贯入阻力达到 0.5 MPa 时所需的时间 t_s(min)，即为砂浆凝结时间测定值。

② 砂浆凝结时间测定应在一盘内取两个试样，以两个实验结果的平均值作为该砂浆的凝结时间值，两次实验结果之差不应大于 30 min，否则须重新实验。

实验五　砂浆立方体抗压强度实验

1. 实验目的

掌握测定砂浆强度的实验方法，测定砂浆立方体抗压强度，作为调整砂浆配合比和控制砂浆质量的主要依据。

2. 仪器设备

试模(尺寸为 70.7 mm×70.7 mm×70.7 mm)、捣棒(直径 10 mm，长 350 mm，端部呈弹头形)、振动台和压力实验机等。

3. 实验步骤

(1)采用立方体试件，每组试件三个。

(2)用黄油等密封材料涂抹试模的外接缝，给试模内壁涂刷薄层机油或脱模剂，将拌合好的砂浆一次性装满试模。当稠度大于 50 mm 时采用人工插捣成型；当稠度小于等于 50 mm时采用振动台振实成型。

① 人工插捣：用捣棒均匀地由边缘向中心按螺旋方式插捣 25 次，插捣过程中如砂浆沉落低于试模口时，应随时添加砂浆，并用灰刀插捣数次，用手将试模一边抬高 5～10 mm 各振动 5 次，使砂浆高出试模顶面 6～8 mm。

② 机械振动：将砂浆一次装满试模，放置在振动台上。振动时试模不得跳动，振动到表面出浆时，立即停止，不得过振。

(3)待表面水分稍干后，将高出试模部分的砂浆刮去抹平。然后静置在(20±5)℃环境下(24±2)h，当气温较低时可适当延长时间，但不应超过两昼夜。然后将试件编号、拆模，立即放入温度(20±2)℃，相对湿度 90%以上的标准养护室内养护。养护期间，试件彼此间隔不小于 10 mm，混合砂浆试件上面应覆盖以防有水滴在试件上。

(4)从搅拌加水开始，标准养护龄期应为 28d，也可根据相关标准要求增加 7d 或 14d。

(5)试件自标准养护室取出后擦净表面，测量尺寸(测量精确至 1 mm)，检查外观，计算试件承压面积，如实测尺寸与公称尺寸之差不超过 1 mm，可按公称尺寸计算。

(6)将试件放在压力实验机下压板上，使试件的承压面与成型时的顶面垂直，试件中心应与压力实验机下压板中心对准。启动压力实验机，下降上压板与试件接近，调整球座，使接触面均衡受压。以 0.25～1.5 kN/s(砂浆强度不大于 5 MPa 时，取下限为宜；砂浆强度大于 5 MPa 时，取上限为宜)的速度连续均匀加载直至试件破坏，并记录破坏荷载。

4. **实验结果**

(1)砂浆立方体抗压强度按式(1-16)计算(精确至0.1 MPa):

$$F_{m,cu}=K\frac{N_u}{A} \tag{1-16}$$

式中,$F_{m,cu}$——砂浆立方体抗压强度(MPa);

K——换算系数,取1.35;

N_u——试件破坏荷载(N);

A——试件承压面积(mm^2)。

(2)实验结果以三个试件测试值的算术平均值作为该组试件的立方体抗压强度平均值。

(3)当三个测值的最大值或最小值与中间值的差值超过中间值的15%时,则取中间值作为该组试件的抗压强度值;当两个测值与中间值的差值均超过中间值的15%时,该组试件的实验结果无效。

实验六　砂浆配合比设计实验

1. **实验目的**

为了满足施工要求,做到经济合理,确保砂浆质量,需要进行砂浆配合比的设计。砂浆配合比的设计,应根据原材料的性能和砂浆的技术要求及施工水平进行计算并经试配后确定。

2. **设计步骤**

(1)水泥砂浆配合比计算与确定

① 砂浆配合比的确定,应按下列步骤进行:

计算砂浆试配强度 $f_{m,o}$(MPa);计算每立方米砂浆中的水泥用量 Q_c(kg);按水泥用量 Q_c计算每立方米砂浆掺加料用量 Q_d(kg);确定每立方米砂浆砂用量 Q_s(kg);按砂浆稠度选用每立方米砂浆用水量 Q_W(kg);进行砂浆试配;配合比确定。

② 砂浆的试配强度应按式(1-17)计算(精确至0.1 MPa):

$$f_{m,o}=f_2+0.645\sigma \tag{1-17}$$

式中,$f_{m,o}$——砂浆的试配强度;

f_2——砂浆抗压强度平均值,精确至0.1 MPa;

σ——砂浆现场强度标准差,精确至0.01 MPa。

③ 砌筑砂浆现场强度标准差的确定应符合下列规定:

当有统计资料时,按式(1-18)计算:

$$\sigma=\sqrt{\frac{\sum_{i=1}^{n}f_{m,i}^2-n\mu_{fm}^2}{n-1}} \tag{1-18}$$

式中，$f_{m,i}$—— 统计周期内同一品种砂浆第 i 组试样的强度（MPa）；

μ_{fm}—— 统计周期内同一品种砂浆 n 组试样强度的平均值（MPa）；

n—— 统计周期内同品种砂浆试样的总组数（$n \geq 25$）。

当不具有近期统计资料时，砂浆现场强度标准差 σ 可按表 1-6 取用。

表 1-6　砂浆强度标准差 σ 选用值　　单位：MPa

施工水平	砂浆强度等级					
	M2.5	M5	M7.5	M10	M15	M20
优良	0.50	1.00	1.50	2.00	3.00	4.00
一般	0.62	1.25	1.88	2.50	3.75	5.00
较差	0.75	1.50	2.25	3.00	4.50	6.00

④ 水泥用量的计算应符合下列规定。

每立方米砂浆中的水泥用量，按式(1-19)计算（精确至 1 kg）：

$$Q_c = \frac{1000(f_{m,o} - \beta)}{\alpha \cdot f_{ce}} \tag{1-19}$$

式中，Q_c——每立方米砂浆的水泥用量；

$f_{m,o}$——砂浆的试配强度，精确至 0.1 MPa；

f_{ce}——水泥的实测强度，精确至 0.1 MPa；

α、β——砂浆的特征系数，其中 $\alpha = 3.03$，$\beta = -15.09$。

在无法取得水泥的实测强度值时，按式(1-20)计算 f_{ce}：

$$f_{ce} = \gamma_c \cdot f_{ce,k} \tag{1-20}$$

式中，$f_{ce,k}$——水泥强度等级对应的强度值；

γ_c——水泥强度等级值的富余系数，该值应按实际统计资料确定。无统计资料时 γ_c 取 1.0。

⑤ 水泥混合砂浆的掺加料用量，按式(1-21)计算（精确至 1 kg）：

$$Q_D = Q_A - Q_C \tag{1-21}$$

式中，Q_D——每立方米砂浆的掺加料用量；石灰膏、黏土膏使用时的稠度为(120±5)mm；

Q_C——每立方米砂浆的水泥用量，精确至 1 kg；

Q_A——每立方米砂浆中水泥和掺加料的总量，精确至 1 kg；宜为 300～350 kg。

⑥ 立方米砂浆中的砂子用量，应按干燥状态（含水率小于 0.5%）的堆积密度值作为计算值（单位为 kg）。

⑦ 每立方米砂浆中的用水量，根据砂浆稠度等要求可选用 240～310 kg。

(2)水泥砂浆配合比选用

水泥砂浆材料用量可按表 1-7 选用。

表 1-7 每立方米水泥砂浆材料用量

强度等级	每立方米砂浆水泥用量/kg	每立方米砂子用量/kg	每立方米砂浆用水量/kg
M2.5～M5	200～230	1 m^3砂子的堆积密度值	270～330
M7.5～M10	220～280		
M15	280～340		
M20	340～400		

注:1. 此表水泥强度等级为 32.5 级,大于 32.5 级水泥用量宜取下限。

2. 根据施工水平合理选择水泥用量。

3. 当采用细砂或粗砂时,用水量分别取上限或下限。

4. 稠度小于 70 mm 时,用水量可小于下限。

5. 施工现场气候炎热或干燥季节,可酌情增加用水量。

6. 试配强度应按 $f_{m,o}=f_2+0.645\sigma$ 计算。

(3)配合比试配、调整与确定

① 试配时应采用工程中实际使用的材料。

② 按计算或查表所得配合比进行试拌时,应测定其拌合物的稠度和分层度,当不能满足要求时,应调整材料用量,直到符合要求为止。然后确定为试配时的砂浆基准配合比。

③ 试配时至少应采用三个不同的配合比,其中一个为确定出的砂浆基准配合比,其他配合比的水泥用量应按基准配合比分别增加、减少 10%。在保证稠度、分层度合格的条件下,可将用水量或掺加料用量作相应调整。

④ 对三个不同的配合比进行调整后,应按现行行业标准《建筑砂浆基本性能试验方法标准》(JGJ/T70—2009)的规定成型试样,测定砂浆强度;并选定符合试配强度要求的且水泥用量最低的配合比作为砂浆配合比。

第五节 墙体材料实验

实验一 烧结普通砖抗压强度实验

1. 实验目的

掌握测定烧结普通砖抗压强度的实验方法,测定抗压强度,确定砖的强度等级。

2. 仪器设备

材料实验机、钢直尺、振动台、制样模具、砂浆搅拌机和锯砖机等。

3. 试样制备

(1)一次成型制样法:适用于采用样品中间部位切割,交错叠加灌浆制成强度实验试样的方式。

① 将试样锯成两个半截砖,两个半截砖用于叠合部分的长度不得小于 100 mm,如图 1-17所示。如果不足 100 mm,应另取备用试样补足。

② 将已切开的半截砖放入室温的净水中浸泡 20～30 min 后取出,在铁丝网架上滴水 20～30 min,以断口相反方向装入制样模具中。用插板控制两个半砖间距不应大于 5 mm,

砖大面与模具间距不应大于 3 mm,砖断面、顶面与模具间垫橡胶垫或其他密封材料,模具内表面涂油或脱膜剂。制样模具及插板示意图如图 1-18 所示。

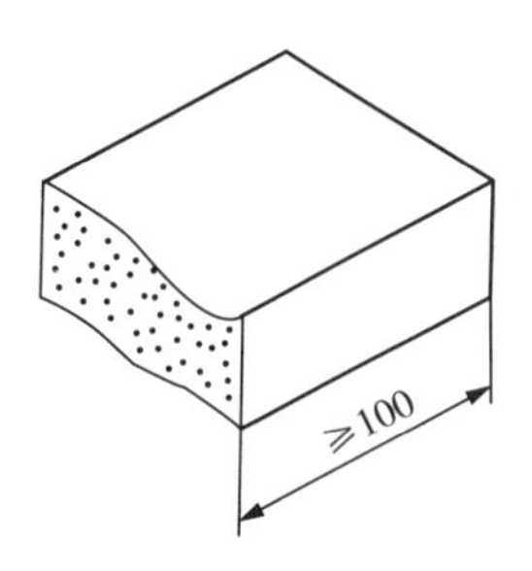

图 1-17 半截砖长度示意图
(单位:mm)

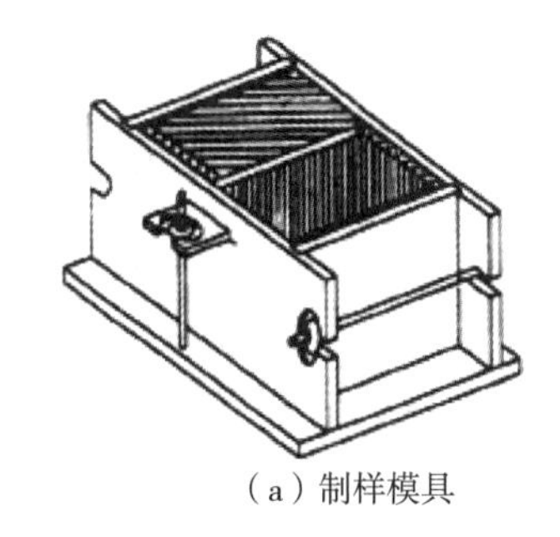

(a) 制样模具

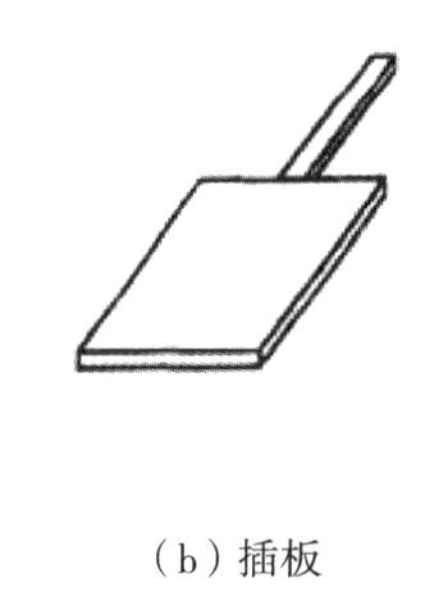

(b) 插板

图 1-18 制样模具及插板示意图

③ 按水灰比制备稠度适宜的水泥净浆。

④ 将装好砖样的模具置于振动台上,在砖样上加适量净浆,边振动边向砖缝及砖模缝间加入净浆,加浆及振动过程为 0.5~1 min。随后静置至净浆材料达到初凝时间(15~19 min)后拆模。

(2)二次成型制样法:适用于采用整块样品上下表面灌浆制成强度实验试样的方式。

① 将整块试样放入室温的净水中浸泡20~30 min 后取出,在铁丝网架上滴水 20~30 min。

② 按水灰比制备稠度适宜的水泥净浆。

③ 在二次成型制样模具内表面涂油或脱膜剂,加入适量搅拌均匀的水泥净浆,将整块试样一个承压面与净浆接触,装入制样模具中,承压面找平层厚度不应大于 3 mm。置于振动台上振动 0.5~1 min,随后静置至净浆材料达到初凝时间(15~19 min)后拆模。按同样方法完成整块试样另一承压面的找平。

(3)非成型制样法:适用于试样无须进行表面找平处理制样的方式。

① 将试样锯成两个半截砖,两个半截砖用于叠合部分的长度不得小于 100 mm。如果不足 100 mm,应另取备用试样补足。

② 将两个半截砖断口相反方向叠放,叠合部分不得小于 100 mm(图 1-19),即为抗压强度试样。

4. 试样养护

(1)一次成型制样、二次成型制样在不低于 10 ℃ 的不通风室内养护 4 h。

(2)非成型制样无须养护,试样气干状态直接进行实验。

5. 实验步骤

(1)测量每个试样连接面或受压面的长、宽尺寸各两个,分别取其平均值,精确至 1 mm。

(2)将试样平放在加压板的中央,垂直于受压面加载,以 2~6 kN/s 的速度均匀平稳地加载,不得发

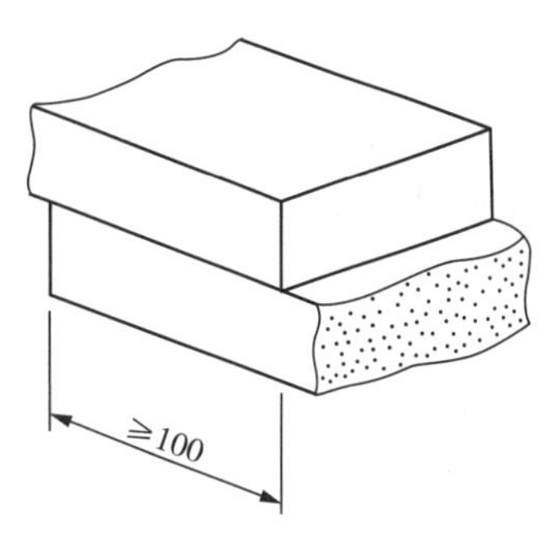

图 1-19 半砖叠合示意图
(单位:mm)

生冲击或振动。直至试样破坏为止，记录最大破坏荷载 P。

6. **实验结果**

(1)每块试样的抗压强度，按式(1-22)计算(精确至0.01 MPa)：

$$R_p=\frac{P}{LB} \tag{1-22}$$

式中，R_p——抗压强度(MPa)；

P——最大破坏荷载(N)；

L——受压面(连接面)的长度(mm)；

B——受压面(连接面)的宽度(mm)。

(2)实验结果以10块试样抗压强度的算术平均值、标准值或单块最小值表示。

实验二　蒸压加气混凝土砌块抗压强度实验

1. **实验目的**

掌握蒸压加气混凝土砌块的抗压强度实验方法，测定加气混凝土砌块抗压强度，确定砌块的强度等级。

2. **仪器设备**

材料实验机(实验机的示值相对误差不应低于±2%，其下加压板应为球铰支座，预期最大破坏荷载应为量程的20%～80%)和钢板直尺(规格为300 mm，分度值为0.5 mm)。

3. **实验步骤**

(1)试样制备，沿制品膨胀方向中心部分上、中、下顺序锯取一组，"上"块上表面距离制品顶面30 mm，"中"块在正中处，"下"块下表面距离制品底面30 mm。制品的高度不同，试件间隔略有不同。抗压强度试件为100 mm×100 mm×100 mm立方体试件，在质量含水率为8%～12%下进行实验。

(2)测量每个试件的长度和宽度，分别求出各个方向的平均值，精确至1 mm，并计算试件的受压面积 A_1。

(3)将试件置于实验机承压板上，使试件的轴线与实验机压板的压力中心重合，试件的受压方向应垂直于制品的发气方向。

(4)开动实验机，当上压板与试件接近时，调整球座，使接触均衡。

(5)以(2.0±0.5)kN/s的速度连续而均匀地加荷，直至试件破坏，记录最大破坏荷载 P_1。

若实验机压板不足以覆盖试件受压面，则可在试件的上、下承压面加辅助钢压板。辅助钢压板的表面粗糙度应与实验机原压板相同，其厚度至少为原压板边至辅助钢压板最远角距离的三分之一。

4. **实验结果**

(1)每个试件的抗压强度，按式(1-23)计算(精确至0.1 MPa)：

$$f_{cc}=\frac{P_1}{A_1} \tag{1-23}$$

式中，f_{cc}——试件的抗压强度(MPa)；

P_1——破坏荷载(N)；

A_1——试件受压面积(mm^2)。

(2)实验结果以三个试件实验值的算术平均值表示，精确至 0.1 MPa。

第六节　沥青实验

实验一　沥青试样准备方法

1. 实验目的

掌握沥青试样准备方法，为黏稠道路石油沥青、煤沥青和聚合物改性沥青等材料的性能检测准备试样。

2. 仪器设备

烘箱、加热炉具、石棉垫、滤筛(孔径 0.6 mm)、盛样器皿、烧杯(1000 mL)、温度计(量程 0～100 ℃、0～200 ℃，分度值 0.1 ℃)、天平(称量 2000 g，感量不大于 1 g；称量 100 g，感量不大于 0.1 g)、玻璃棒和溶剂等。

3. 实验步骤

(1)将装有试样的盛样器皿带盖放入恒温烘箱中，当石油沥青试样中含有水分时，烘箱温度为 80 ℃左右，加热至沥青全部融化后供脱水用。当石油沥青中无水分时，烘箱温度宜为软化点温度以上 90 ℃，通常为 135 ℃左右。对取来的沥青试样不得直接采用电炉或燃气炉明火加热。

(2)当石油沥青试样中含有水分时，将盛样器皿放在可控温的沙浴、油浴、电热套上加热脱水，脱水时必须加放石棉垫，不得采用电炉、燃气炉加热。加热时间不超过 30 min，并用玻璃棒轻轻搅拌，防止局部过热。在沥青温度不超过 100 ℃的条件下，仔细脱水至无泡沫为止，石油沥青最后的加热温度不宜超过软化点以上 100 ℃，煤沥青最后的加热温度不宜超过软化点以上 50 ℃。

(3)将盛样器皿中的沥青通过 0.6 mm 的滤筛过滤，不等冷却立即一次灌入各项实验的模具中。当温度下降太多时，宜适当加热再灌模。根据需要也可将试样分装入擦拭干净并干燥的一个或数个沥青盛样器皿中，数量应满足一批实验项目所需的沥青样品。

(4)在沥青灌模过程中，如温度下降可放入烘箱中适当加热，试样冷却后反复加热的次数不得超过两次，以防沥青老化影响实验结果。为避免混进气泡，在沥青灌模时不得反复搅动沥青。

(5)灌模剩余的沥青应立即清洗干净，不得重复使用。

实验二　石油沥青针入度实验

1. 实验目的

掌握测定石油沥青针入度的实验方法，测定针入度，评定石油沥青的黏滞性并以针入度确定沥青的牌号。

2. 仪器设备

针入度仪(图 1-20)、标准针和盛样皿等。

3. 实验步骤

图 1-20　针入度仪

(1)按实验要求给恒温水浴容器中装好水,开启水浴电源开关,并同时打开“加热”和“制冷”开关,使容器内的水温能达到 25 ℃,并保持稳定。

(2)按沥青试样准备方法将准备好的试样注入盛样皿中,试样高度应超过预计针入度值 10 mm,并盖上盛样皿,以防落入灰尘。盛样皿在 15～30 ℃的室温中冷却不少于 1.5 h(小盛样皿),随后移入保持 25 ℃的恒温水浴中保温不少于 1.5 h(小盛样皿),试样表面以上的水层深度不少于 10 mm。

(3)调整针入度仪使之水平,打开针入度仪电源开关,将仪器预热 15 min。

(4)将标准针插入针连杆,用螺钉固紧,加上附加砝码 100 g。

(5)将 25 ℃的水浴及试样放到针入度仪操作台上,用适当位置的反光镜或灯光反射观察,使针尖恰好与试样表面接触。

(6)进入“开始实验”菜单,并开始实验。

(7)同一试样平行实验至少 3 次,各测试点之间及与盛样皿边缘的距离不应小于 10 mm。每次实验应换一根干净标准针或将标准针取下用蘸有三氯乙烯的棉花或布擦拭干净,再用干棉花或布擦干,测试完成,打印实验数据。

(8)测定针入度大于 200 的沥青试样时,至少用 3 支标准针,每次实验后将针留在试样中,直至 3 次平行实验完成后,才能将标准针取出。

4. 实验结果

(1)同一试样 3 次平行实验结果的最大值和最小值之差在表 1-8 允许偏差范围内时,计算 3 次实验结果的平均值,取整数作为针入度实验结果,以 0.1 mm 计。当实验值不符合此要求时,须重新进行实验。

表 1-8　允许误差范围

针入度(0.1 mm)	0～49	50～149	150～249	250～500
允许差值(0.1 mm)	2	4	12	20

(2)允许误差

① 当实验结果小于 50(0.1 mm)时,重复性实验的允许误差为 2(0.1 mm),再现性实验的允许误差为 4(0.1 mm)。

② 当实验结果大于或等于 50(0.1 mm)时,重复性实验的允许误差为平均值的 4%,再现性实验的允许误差为平均值的 8%。

实验三　石油沥青延度实验

1. 实验目的

掌握测定石油沥青延度的实验方法,测定沥青延度,评定石油沥青的塑性并以延度值确定沥青的牌号。

2. 仪器设备

延度仪(图 1－21)、试模(图 1－22)、试模底板、恒温水浴、温度计(0～50 ℃,分度值 0.1 ℃)、石棉网、金属皿、沙浴和其他加热炉具等。

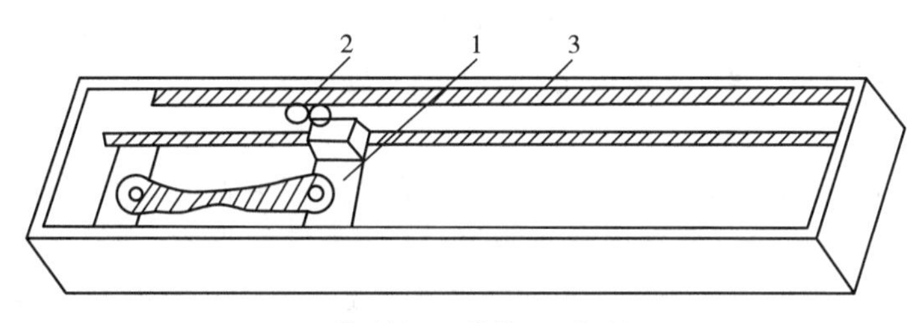

1—滑动板;2—指针;3—标尺。

图 1－21　沥青延度仪

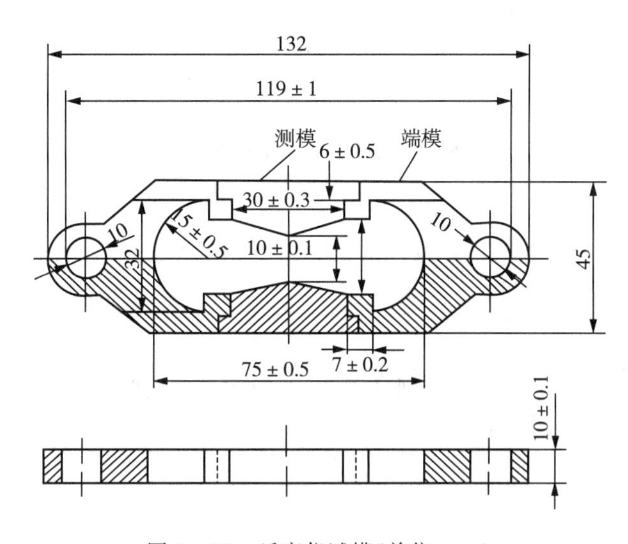

图 1－22　延度仪试模(单位:mm)

3. 实验步骤

(1)将甘油滑石粉隔离剂(甘油与滑石粉的质量比为 2 ∶ 1)搅拌均匀,涂于清洁干燥的试模底板和试模的内表面,并将试模拼装在试模底板上。

(2)将除去水分的试样在沙浴上加热充分熔化,用筛过滤,搅拌消除气泡,然后将试样自试模的一端至另一端往返数次缓缓注入模中,使试样略高出模具,灌模时不得使气泡混入。

(3)试样在室温中冷却不少于 1.5 h,用热刮刀自试模的中间刮向两端刮除高出试模的沥青,使沥青面与试模面齐平,且表面应刮得平滑。将试模连同底板放入(25±0.1)℃的恒温水浴中保温 1.5 h。

(4)校核延度仪拉伸速度是否满足(5±0.25)cm/min,若满足则移动滑板使其指针正对标尺的零点,保持水槽中的水温为(25±0.1)℃。

(5)将保温后的试样连同底板移入延度仪的水槽中,然后盛有试样的试模自玻璃板或不锈钢板上取下,将试模两端的孔分别套在滑板及槽端固定板的金属柱上,并取下侧模。

水面距试样表面应不小于 25 mm。

(6)启动延度仪,观察试样的延伸情况。在实验中,如发现沥青细丝浮于水面或沉入槽底时,则应在水中加入酒精或食盐,调整水的密度至与试样相近后,重新实验。应当注意,在实验过程中,水温应始终保持在(25±0.1)℃,且仪器不得有振动,水面不得有晃动。

(7)试样拉断时,读取指针所指标尺上的读数。在正常情况下,试样延伸时应成锥尖状,拉断时实际断面接近于零;否则在此条件下无实验结果。

4. **实验结果**

(1)同一样品,每次平行实验不少于 3 个,如 3 个测定结果均大于 100 cm,实验结果记作">100 cm";特殊需要也可分别记录实测值。3 个测定结果中,当有一个以上的测定值小于 100 cm 时,若最大值或最小值与平均值之差满足重复性实验要求,则取 3 个测定结果的平均值的整数作为延度实验结果,若平均值大于 100 cm,记作">100 cm";若最大值或最小值与平均值之差不符合重复性实验要求时,须重新进行实验。

(2)当实验结果小于 100 cm 时,重复性实验的允许误差为平均值的 20%,再现性实验的允许误差为平均值的 30%。

实验四　石油沥青的软化点实验

1. **实验目的**

掌握测定石油沥青软化点的实验方法,测定沥青的软化点,评定沥青温度敏感性并以软化点值确定石油沥青的牌号。

2. **仪器设备**

软化点测定仪(图 1-23)、环夹、温控电炉、试样底板、恒温水槽和平直刮刀等。

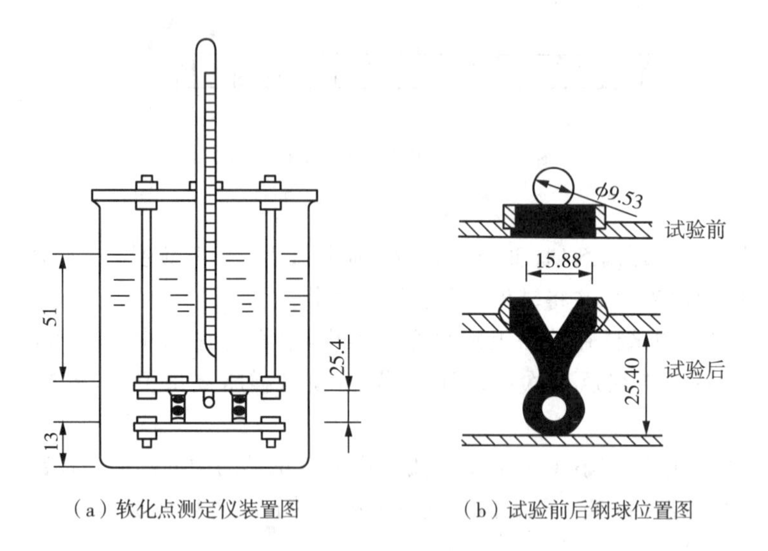

(a) 软化点测定仪装置图　(b) 试验前后钢球位置图

图 1-23　软化点测定(单位:mm)

3. **实验步骤**

(1)将试样环置于涂有甘油滑石粉隔离剂的试样底板上。

(2)将脱水的试样加热充分熔化,过筛后缓缓注入试样环内至略高出环面为止。如估计试样软化点高于 120 ℃，则试样环和金属底板均应预热至 80～100 ℃。

(3)试样在室温冷却 30 min 后，用热刮刀刮除环面上的试样，使其与环面齐平。

① 试样软化点在 80 ℃以下者：

a. 将装有试样的试样环连同试样底板置于装有(5±0.5)℃的恒温水槽中至少15 min；同时将金属支架、钢球、钢球定位环等亦置于相同水槽中。

b. 烧杯内注入新煮沸并冷却至(5±0.5)℃的蒸馏水或纯净水，水面略低于立杆上的深度标记。

c. 从恒温水槽中取出盛有试样的试样环放置在支架中层板的圆孔中，套上定位环；然后将整个环架放入烧杯中，调整水面至深度标记，并保持水温为(5±0.5)℃。环架上任何部位不得附有气泡。将 0～100 ℃的温度计由上层板中心孔垂直插入，使端部测温头底部与试样环下面齐平。

d. 将盛有水和环架的烧杯移至放有石棉网的加热炉具上，然后将钢球放在定位环中间的试样中央，并开始加热，使杯中水温在 3 min 内调节至维持每分钟上升(5±0.5)℃。在加热过程中，如温度上升速度超出此范围时，则须重新进行实验。

e. 试样受热软化逐渐下坠至与下层底板表面接触时，立即读取温度，精确至 0.5 ℃。

② 试样软化点在 80 ℃以上者：

a. 将装有试样的试样环连同试样底板置于装有(32±1)℃甘油的恒温槽中至少 15 min；同时将金属支架、钢球、钢球定位环等亦置于甘油中。

b. 在烧杯内注入预先加热至 32 ℃的甘油，其液面略低于立杆上的深度标记。

c. 从恒温槽中取出盛有试样的试样环放置在支架中层板的圆孔中，套上定位环；然后将整个环架放入烧杯中，调整甘油面至深度标记，并保持甘油温度为 32 ℃。将 0～200 ℃的温度计由上层板中心孔垂直插入，使端部测温头底部与试样环下面齐平。

d. 将盛有水和环架的烧杯移至放有石棉网的加热炉具上，然后将钢球放在定位环中间的试样中央，并开始加热，使杯中水温在 3 min 内调节至维持每分钟上升(5±0.5)℃。在加热过程中，如温度上升速度超出此范围时，则须重新进行实验。

e. 试样受热软化逐渐下坠至与下层底板表面接触时，立即读取温度，精确至 1 ℃。

4. 实验结果

(1)同一试样平行实验两次，当两次测定值的差值符合重复性实验允许误差要求时，取其平均值作为软化点实验结果，精确至 0.5 ℃。

(2)当试样软化点小于 80 ℃时，重复性实验允许误差为 1 ℃，再现性实验的允许误差为 4 ℃。

(3)当试样软化点大于或等于 80 ℃时，重复性实验允许误差为 2 ℃，再现性实验的允许误差为 8 ℃。

第二章 材料力学实验

材料力学的理论是建立在将真实材料理想化、实际构件典型化、公式推导假设化基础之上的，理论是否正确以及能否在工程中应用，都只有通过实验验证才能确定。因此，材料力学实验课在材料力学课程中有着重要的地位。通过本章的学习和实验，一是掌握测定材料力学性质的基本方法，进一步了解各种材料的力学性能。二是验证理论公式的正确性，加深对一般性结论和公式的理解。三是通过实验掌握对实际构件的应力分析方法，解决实际工程强度等问题。

第一节 低碳钢和铸铁拉伸实验

1. 实验目的

测定低碳钢的屈服强度 σ_s、抗拉强度 σ_b、延伸率 δ 和截面收缩率 ψ；测定铸铁的抗拉强度 σ_b；观察这两种材料在拉伸破坏过程中的各种现象，绘制应力应变关系曲线；比较这两种材料的受拉力学性能和断口情况；了解力学实验机的基本原理和操作方法。

2. 仪器设备

YDD－1 型多功能材料力学实验机（图 2－1）、游标卡尺和钢筋标距仪等。

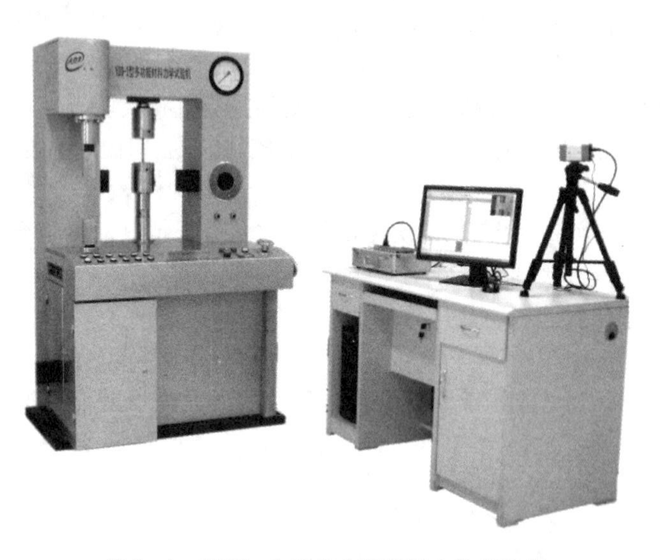

图 2－1 YDD－1 型多功能材料力学实验机

3. 拉伸试件

金属材料拉伸实验常用试件形状如图 2－2 所示，图中工作段长度 l_0 称为标距，试件的拉伸变形量由这一段的变形来测定，两端较粗部分为夹持段，装入实验机夹头内。

为了使实验测得的结果可以互相比较，试件必须按国家标准做成标准试件，即$l_0=5\ d_0$或$l_0=10\ d_0$。

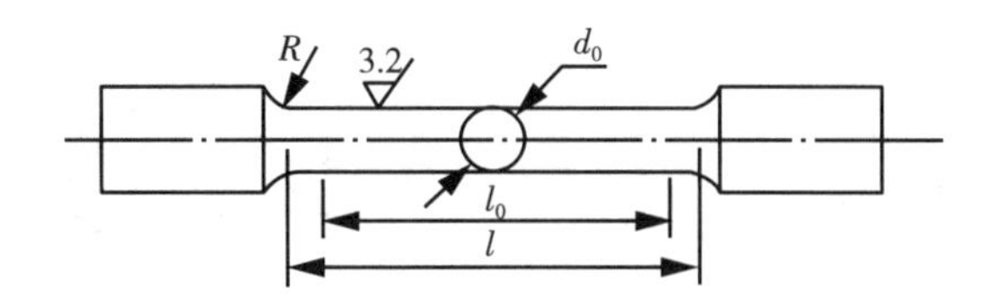

图 2-2　金属材料拉伸实验常用试件形状

4. 实验步骤

(1)低碳钢的拉伸实验

① 在试件中段取标距$l_0=5\ d_0$或$l_0=10\ d_0$，在标距两端用钢筋标距仪打上线作为标志，用游标卡尺在试件标距范围内测量中间和两端三处直径d_0(在每处两个互相垂直的方向各测一次取其平均值)，取最小值计算试件横截面面积A_0。

② 根据低碳钢的抗拉强度σ_b及试件的横截面面积，初步估计拉伸试件所需最大荷载，选择合适的测力范围。

③ 将试件的一个夹持段装在上夹头夹紧，然后调节下夹头到合适位置，夹紧试件下夹持段。保证试件夹持部分在夹具口内三分之二以上。

④ 选择加载速度，给试件缓慢均匀加载，观察试件在受拉破坏过程中的现象及外力F和变形ΔL的关系曲线[图 2-3(a)]。从图 2-3(a)中可以看出，当荷载增加到A点时，$F-\Delta L$关系曲线上OA段是直线，表明此阶段内荷载与试件的变形呈正比关系，即符合虎克定律的弹性变形范围，因此这一阶段称之为弹性阶段。当荷载增加到B'点时，荷载停留不动或突然下降到B点(对应的荷载叫屈服荷载F_s)，然后在小的范围内波动，这时变形增加很快，荷载增加很慢，这说明材料出现了屈服现象，与B'点相应的应力叫作上屈服强度，与B点相应的应力叫作下屈服强度。因为下屈服强度比较稳定，所以材料的屈服强度一般规定按下屈服强度取值。屈服阶段后，试件要承受更大的外力，才能继续发生变形，若要使塑性变形加大，必须增加荷载，如图 2-3(a)中C点至D点，这一段称为强化阶段。当荷载达到最大值F_b(D点)时，试件的塑性变形集中在某一截面处的小段内，此段发生截面收缩，即出现“颈缩”现象。在试件发生“颈缩”后，由于横截面面积的减小，荷载迅速下降，到E点试件断裂。

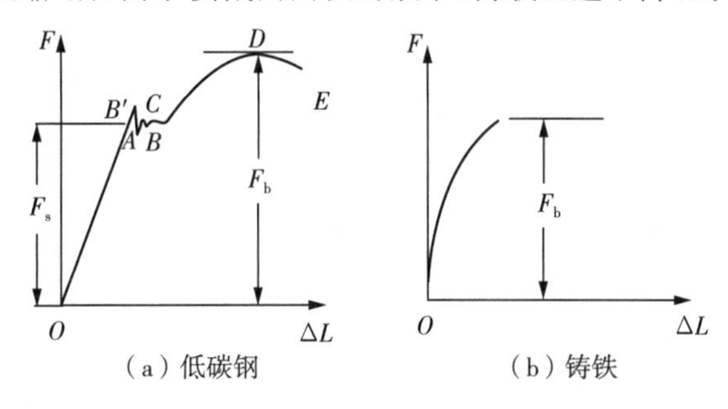

图 2-3　拉伸实验$F-\Delta L$曲线图

⑤ 取下拉断的试件，将断裂的试件紧密对接在一起，用游标卡尺测量出断裂后试件标距间的长度l_1和断口(细颈)处的直径d_1。低碳钢 HPB300 试件拉伸实验破坏断口形式如图 2-4 所示。

图 2-4　低碳钢 HPB300 试件拉伸实验破坏断口形式

(2)铸铁的拉伸实验

① 试件的准备。用游标卡尺在试件标距范围内测量中间和两端三处直径d_0，取最小值计算试件截面面积A_0。

② 实验机的准备。与低碳钢拉伸实验相同。

③ 进行实验。加紧试件，选择加载速度，给试件缓慢均匀加载直到断裂为止。观察破坏现象及外力 F 和变形 ΔL 的关系曲线[图 2-3(b)]。铸铁为脆性材料，在变形极小的情况下就会突然断裂，没有屈服和颈缩现象，只测抗拉强度。铸铁 HT200 试件拉伸实验破坏断口形式如图 2-5 所示。

图 2-5　铸铁 HT200 试件拉伸实验破坏断口形式

5. 实验结果

(1)屈服强度 σ_s 和抗拉强度 σ_b 按式(2-1)和式(2-2)计算(铸铁不存在屈服阶段只计算抗拉强度)：

$$\sigma_s=\frac{F_s}{A_0} \tag{2-1}$$

$$\sigma_b=\frac{F_b}{A_0} \tag{2-2}$$

(2)低碳钢的延伸率 δ 按式(2-3)计算：

$$\delta=\frac{l_1-l_0}{l_0}\times100\% \tag{2-3}$$

(3)低碳钢的截面收缩率 ψ 按式(2-4)计算：

$$\psi=\frac{A_0-A_1}{A_0}\times100\% \tag{2-4}$$

试样断后标距部分长度l_1的测量：将试样拉断后的两段在拉断处紧密对接起来，尽量使其轴线位于一条直线上。拉断处由于各种原因形成缝隙，则此缝隙应计入试样拉断后的标距部分长度内。l_1用下述方法之一测定。

第一种，直测法。如拉断处到邻近标距端点的距离大于$l_0/3$时，可直接测量两端点间的长度。

第二种，移位法。如拉断处到邻近标距端点的距离小于$l_0/3$时，则可按下述移位法确定l_1：在长段上从拉断处 O 点取基本等于短段格数，得 B 点，接着取等于长段所余格数[偶数，如图 2-6(b)所示]之半，得 C 点；或者取所余格数[奇数，如图 2-6(c)所示]减 1 与加 1 之半，分别得 C 与 C_1 点。移位后的l_1分别为“$AO+OB+2BC$”或“$AO+OB+BC+BC_1$”。

测量了l_1，可以计算伸长率，短、长比例试样的伸长率分别以δ_5和δ_{10}表示。

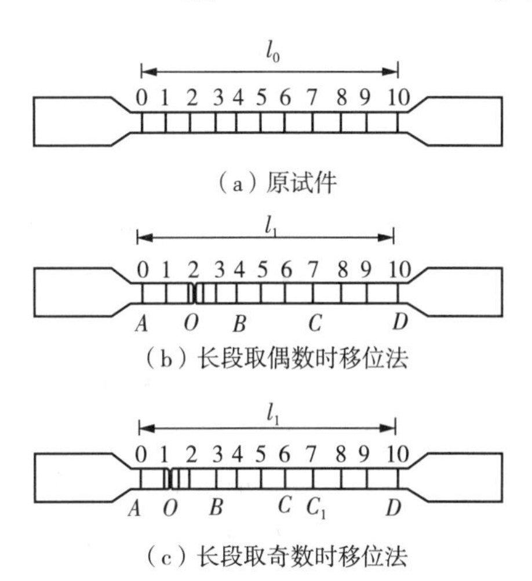

(a) 原试件

(b) 长段取偶数时移位法

(c) 长段取奇数时移位法

图 2-6　移位法测量断后标距 l_1

拉断后缩颈处截面积 A_1 的测定：圆形试样在缩颈最小处两个相互垂直方向上测量其直径，用二者的算术平均值作为断口直径d_1，来计算A_1。

如试件在标距端点上或标距外断裂，则实验结果无效，须重新实验。

6. 思考题

(1)实验时如何观察低碳钢的屈服点？测定时为何要对加载速度提出要求？

(2)由实验现象和结果比较低碳钢和铸铁的力学性能有哪些不同？

(3)材料相同标距分别为 $5d_0$ 和 $10d_0$ 的两种试样，其 σ_s、σ_b、δ 和 ψ 是否相同？为什么？

第二节　低碳钢和铸铁压缩实验

1. 实验目的

测定压缩时低碳钢的屈服强度 σ_s、铸铁的抗压强度 σ_b，观察两种材料在压缩破坏过程中的各种现象，比较它们的受压特性。进一步熟悉力学实验机的基本原理和操作方法。

2. 仪器设备

YDD-1 型多功能材料力学实验机和游标卡尺等。

3. 压缩试件

金属材料的压缩试件一般制成圆柱形(图 2-7)，并满足 $1\leqslant\frac{h}{d}\leqslant3$ 要求。

4. 实验步骤

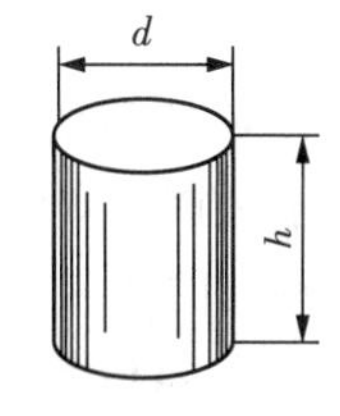

图 2-7　压缩试件

(1)低碳钢压缩实验

① 用游标卡尺测量试件的高度 h 和直径 d，在试件两端及中部三个位置，沿相互垂直方向，测量试件直径，求其平均值，取最小值计算试件截面面积 A_0。

② 根据低碳钢的屈服强度及试件的横截面面积，初步估计压缩

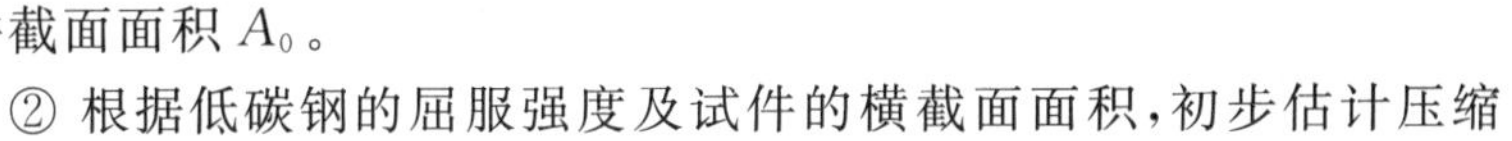

试件所需最大荷载,选择合适的测力范围。

③ 将试件放在下承压板的中央,调节试件和上部承压板接触,使试件承受轴向压力,选择加载速度,给试件缓慢均匀加载。低碳钢在压缩过程中产生屈服以前基本情况与拉伸时相同,荷载到达 B 点时,荷载停留不动或突然下降,这说明材料产生了屈服,当荷载超过 B 点后,塑性变形逐渐增加,试件横截面面积逐渐明显地增大,试件最后被压成鼓形,越压越扁[图2-8(a)]。故只能测出产生屈服时的荷载 F_s,由 $\sigma_s=F_s/A_0$ 得出材料受压时的屈服强度。

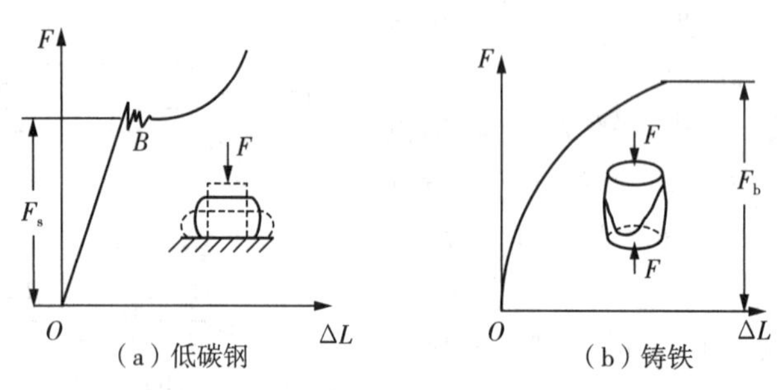

图 2-8 压缩实验变形破坏及 $F-\Delta L$ 曲线图

(2)铸铁压缩实验

铸铁压缩与低碳钢的压缩实验方法相同,但铸铁受压时在很小的变形下即发生破坏,只能测出 F_b,由 $\sigma_b=F_b/A_0$ 得出材料抗压强度,铸铁破坏时的裂缝约与轴线成45°角左右[图2-8(b)]。

5. 实验结果

(1)低碳钢屈服强度 σ_s 按式(2-5)计算:

$$\sigma_s=\frac{F_s}{A_0} \tag{2-5}$$

(2)铸铁抗压强度 σ_b 按式(2-6)计算:

$$\sigma_b=\frac{F_b}{A_0} \tag{2-6}$$

6. 思考题

(1)为什么铸铁试件压缩破坏时,破坏面与试件轴线大致成45°~55°?

(2)低碳钢和铸铁在压缩时机械性质有何差异?有何实用价值?

第三节 钢筋冷弯实验

1. 实验目的

掌握钢筋弯曲实验方法,检验钢筋在常温下承受规定弯曲角度的弯曲塑性变形能力,评定钢筋的质量。

2. 仪器设备

万能材料实验机和弯曲装置等。

3. **实验步骤**

弯曲实验示意图如图 2－9 所示。

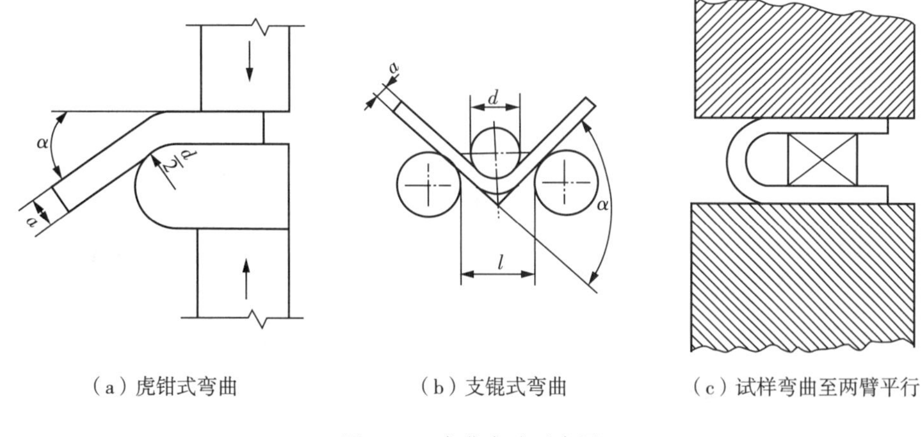

（a）虎钳式弯曲　（b）支辊式弯曲　（c）试样弯曲至两臂平行

图 2－9　弯曲实验示意图

(1)虎钳式弯曲

将试件一端固定，缓慢施加弯曲力，使试件绕弯芯直径进行弯曲，试件弯曲到规定的角度或出现裂纹、裂缝或断裂为止[图 2－9(a)]。

(2)支辊式弯曲

将试件放置于两个支点上，将一定直径的弯芯在试件的两个支点中间缓慢施加压力，使试件弯曲到规定的角度或出现裂纹、裂缝、断裂为止[图 2－9(b)]。两支辊间距为 $l=(d+3a)\pm 0.5a$，并且在实验过程中不允许有变化。

当弯曲角度为 180°时，弯曲可一次完成实验，亦可先弯曲到图 2－9(b)所示的状态，然后放置在实验机平板之间继续施加压力，压至试件两臂平行。此时可以加与弯芯直径相同尺寸的衬垫进行实验，如图 2－9(c)所示。

4. **实验结果**

检查试件弯曲处的外表面，若无裂纹，则评定试样合格。

第四节　钢筋冲击实验

1. **实验目的**

掌握钢材冲击实验的方法，检验钢材在冲击荷载作用下的塑性变形和抗断裂能力，评定钢材的质量。

2. **仪器设备**

摆式冲击实验机(图 2－10)和游标卡尺等。

3. **实验原理**

冲击实验是研究材料抵抗冲击荷载的能力，通常用冲击韧性值来度量。冲击韧性值以摆锤冲断 V 形缺口试件时，单位面积所消耗的功来表示。冲击韧性值越大，表示冲断试件

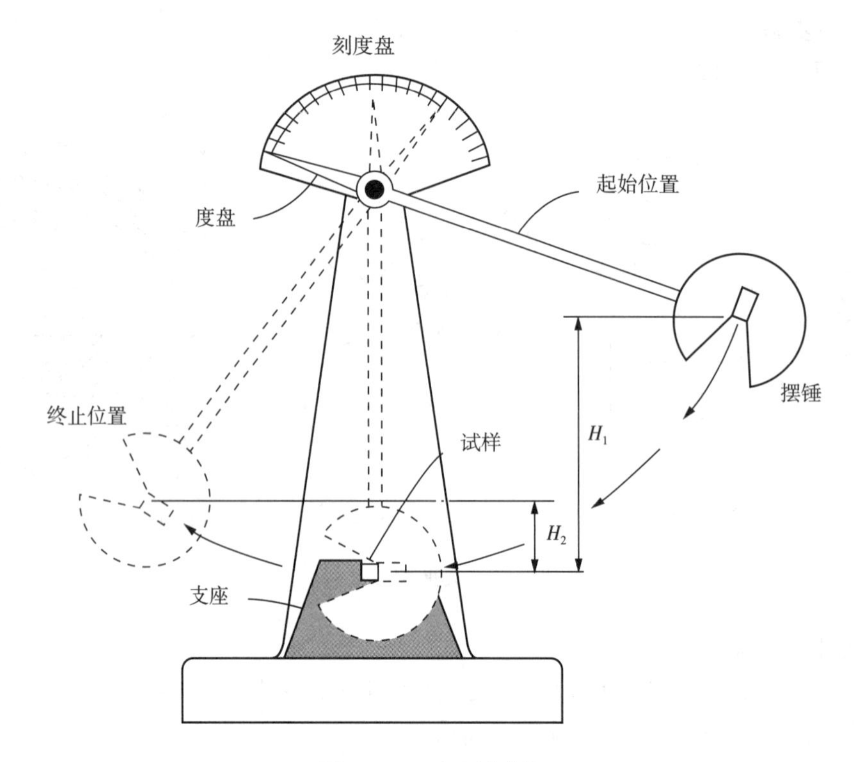

图 2－10　冲击试验机

消耗的能量越大，材料的冲击韧性越好，即其抵抗冲击作用的能力越强，脆性破坏的危险越小。对于重要结构以及承受动荷载作用的结构，特别是处于低温条件下，为了防止钢材的脆性破坏，应保证钢材具有一定的冲击韧性。

冲击实验加载速度快，使材料内的应力骤然提高，变形速度影响了材料的机械性质，所以材料对动荷载作用表现出另一种反应。往往在静荷下具有很好塑性性能的材料，在冲击荷载下会呈现出脆性性质。此外，在金属材料的冲击实验中，还可以揭示静荷载作用时不易发现的某结构特点和工作条件对机械性能的影响（如应力集中、材料内部缺陷、化学成分、加荷时温度、受力状态以及热处理情况等），因此它在工艺分析比较和科学研究中都具有一定的意义。变形速度不同，材料的力学性能也会随之发生变化。

4. 实验步骤

（1）测量试件尺寸及缺口处尺寸。

（2）调整冲击实验机指针到“零点”，根据试件材料估计所需破坏能量，先空打一次测定机件间的摩擦消耗功。

（3）将试件装在冲击实验机上，如图 2－11 所示。应使没有缺口的面朝向摆锤冲击的一边，缺口的位置应在两支座中间，要使缺口和摆锤冲刃对准。将摆锤举起同空打时的位置，打开锁杆。使摆锤落下，冲断试件，然后刹车，读出试件冲断时消耗的功。

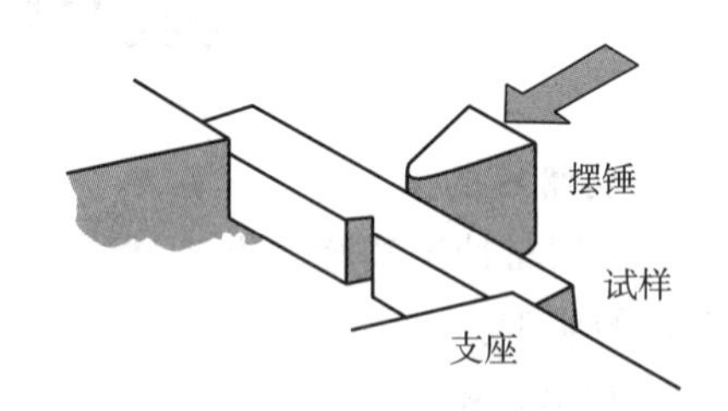

图 2－11　冲击试样安装示意图

5. 实验结果

(1)钢材的冲击韧性值α_k按式(2-7)计算：

$$\alpha_k=\frac{W}{A} \tag{2-7}$$

式中，α_k——冲击韧性值(J/cm^2)；

W——冲断试件时所消耗的功(J)；

A——试件缺口横截面面积(cm^2)。

第五节　低碳钢和铸铁扭转实验

1. 实验目的

测定低碳钢的剪切屈服强度 τ_s、剪切强度 τ_b 及铸铁的剪切强度 τ_b；观察两种材料在扭转破坏过程中的各种现象，比较两种材料的扭转性能和断口情况。

2. 仪器设备

扭转实验机、标距仪和游标卡尺等。

3. 扭转试件

扭转试件一般采用圆截面，标距 $L=100$ mm，标距部分直径 $d=10$ mm，为了防止扭转时打滑，两端夹持段宜为类矩形截面(图 2-12)。

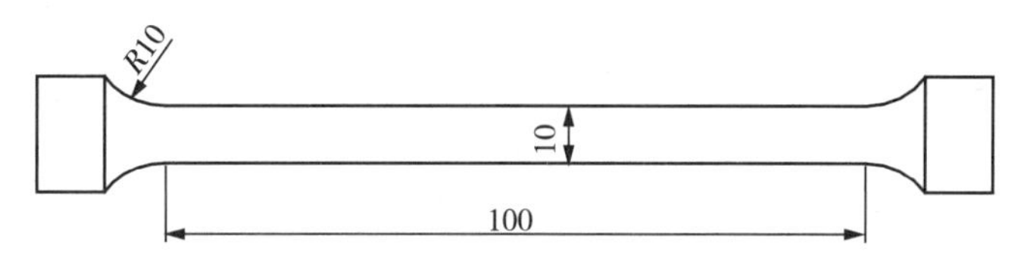

图 2-12　扭转试件(单位：mm)

4. 实验步骤

(1)用游标卡尺测量试件的标距 L 和直径 d，在试件标距范围内的两端及中部三个位置，沿相互垂直方向测量试件直径，取三个截面平均直径的算术平均值来计算极惯性矩 I_p，取三个截面中最小平均直径计算抗扭截面模量 W_t。

(2)根据低碳钢的扭转强度及试件的横截面面积，初步估计扭转试件所需最大荷载，选择合适的测力范围。

(3)根据试件的端部形状，在夹头上安装适当的钳口。先把试件夹紧于固定夹头中，再移动活动夹头把试件夹紧。

(4)把转速选择开关置于所需的速度档上。将调速电位器左旋到底(以防启动加载开关时产生冲击力矩)，接通电源，检查指针是否指零。如偏离较多，打开其背面箱门，移动调整板使指针大致指零，再用微调轮使指针指零。如指针在调整中不灵敏或有震荡现象，应调整伺服电机旁边的反馈电位器使恢复正常。

(5)需自动绘制 $T-\varphi$ 图时，装好记录笔和记录纸。

(6)加载时按下开关的正(或反)按钮，以顺时针方向缓慢转动调速电位器，使直流电机按要求的速度对试件加载。最大加载电流不应超过 10 A。加载开始后不能再转动量程选择旋钮。

(7)实验完毕立即按下停止开关、取下试件。

5. **实验结果**

(1)低碳钢扭转实验

① 自动绘制的低碳钢 $T-\varphi$ 曲线图(图 2-13)。图中起始直线段 OA 表明试件在这阶段中的 T 与 φ 成正比,截面上的剪应力呈线性分布[图 2-14(a)]。经过 A 点后,T 与 φ 的比例关系开始变化,此时截面周边上的剪应力达到了材料的剪切屈服极限 τ_s,相应的扭矩记为 T_s。由于这时截面内部的剪应力尚小于 τ_s,故试件仍具有承载能力,$T-\varphi$ 曲线呈继续上升的趋势。

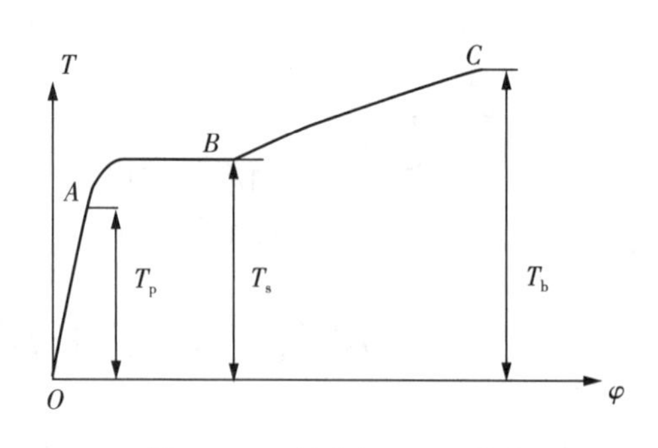

图 2-13　低碳钢 $T-\varphi$ 曲线

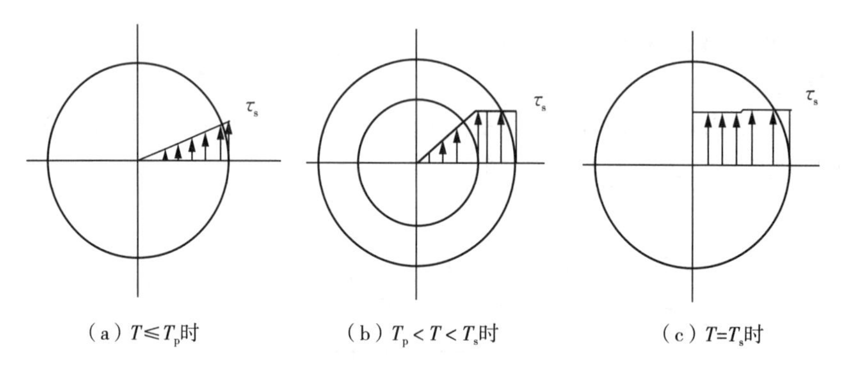

图 2-14　截面上剪应力分布图

② 扭矩超过 T_p 后,截面上的剪应力分布发生变化[图 2-14(b)]。在截面上出现了一个环状塑性区,并随着 T_p 的增长,塑性区逐步向中心扩展,$T-\varphi$ 曲线稍微上升,直到 B 点趋于平坦,截面上各点材料完全达到屈服,扭矩度盘上的指针几乎不动或摆动,此时测力度盘上指示出的扭矩或指针摆动的最小值即为屈服扭矩 T_s[图 2-14(c)]。根据静力平衡条件,可以求得 τ_s 与 T_s 的关系为

$$T_s=\int_A \rho\tau_s \mathrm{d}A \tag{2-8}$$

将式中 $\mathrm{d}A$ 用环状面积元素 $2\pi\rho\mathrm{d}\rho$ 表示,则有

$$T_s=2\pi\tau_s\int_0^{d/2}\rho^2\mathrm{d}\rho=\frac{4}{3}\tau_s W_t \tag{2-9}$$

故剪切屈服极限

$$\tau_s=\frac{3T_s}{4W_t} \tag{2-10}$$

式中 $W_t=\frac{\pi d^3}{16}$ 是试件的抗扭截面模量。

③ 继续给试件加载，变形也再继续，材料进一步强化。当达到 $T-\varphi$ 曲线上的 C 点时，试件被剪断。由测力度盘上的被动计可读出最大扭矩 T_b，可得剪切强度极限为

$$\tau_b=\frac{3T_b}{4W_t} \tag{2-11}$$

④ 为方便不同材料力学特性的比较，材料的扭转剪切屈服极限和剪切强度极限按公式 $\tau_s=T_s/W_p$，$\tau_b=T_b/W_p$ 计算。

(2)铸铁试件扭转实验

铸铁的扭转实验方法、步骤与低碳钢相同，铸铁的 $T-\varphi$ 曲线如图 2－15 所示，从开始直到破坏近似一直线，故可近似应用弹性应力公式按式(2－12)计算：

$$\tau_b=\frac{T_b}{W_t} \tag{2-12}$$

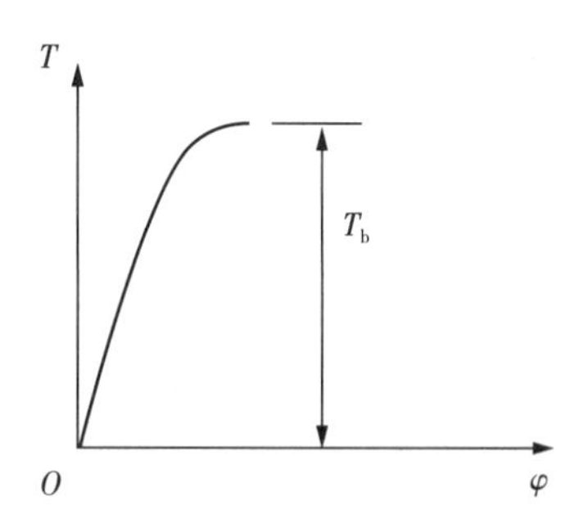

图 2－15　铸铁的 $T-\varphi$ 曲线

6. **思考题**

(1)低碳钢和铸铁试件在扭转破坏时有什么不同情况？试分析原因。

(2)对低碳钢和铸铁两种试件在拉伸、压缩和扭转时的强度及破坏断口情况进行比较分析，并说明原因。

第六节　电测法测定材料的弹性模量 E 和泊松比 μ 实验

1. **实验目的**

测定材料的弹性模量 E 和泊松比 μ，验证胡克定律，了解电阻应变片的工作原理、贴片方式及应变测试的接线方式。

2. **仪器设备**

YDD－1 型多功能材料力学实验机(由实验机主机部分和数据采集分析两部分组成，主机部分由加载机构及相应的传感器组成，数据采集部分完成数据的采集、分析等)、游标卡尺和弹性模量泊松比试件等。

3. **试件**

试件采用钢制类似矩形截面的试件，两个面为矩形，另外两个面为半圆形，试件的两端有加载用的凸台或螺母，在两个矩形面的中央，粘贴有十字形电阻应变片，用以测量试件的纵、横向应变(图 2－16)。

4. **实验原理**

弹性模量 E 和泊松比 μ 是反映材料弹性阶段力学性能的两个重要指标。在弹性阶段，给一个确定截面形状的试件施加轴向拉力，在截面上便产生了轴向拉应力 σ，试件轴向伸长，单位长度的伸长量称之为应变 ε。同样，当施加轴向压力时，试件轴向缩短。在弹性阶

段，拉伸时的应力与应变的比值等于压缩时的应力与应变的比值，这个比值称之为弹性模量 E，$E=\dfrac{F/S_0}{\Delta L/L_0}=\sigma/\varepsilon$。

在试件轴向拉伸伸长的同时，其横向会缩短。同样，在试件受压轴向缩短的同时，其横向会伸长。在弹性阶段，确定材质的试件拉伸时的横向应变与试件的纵向应变的比值等于压缩时横向应变与试件的纵向应变的比值，且同样为一定值，称之为泊松比 μ，$\mu=\left|\dfrac{\Delta L_{横}/L_0}{\Delta L_{纵}/L_0}\right|=\left|\dfrac{\varepsilon_{横}}{\varepsilon_{纵}}\right|$。

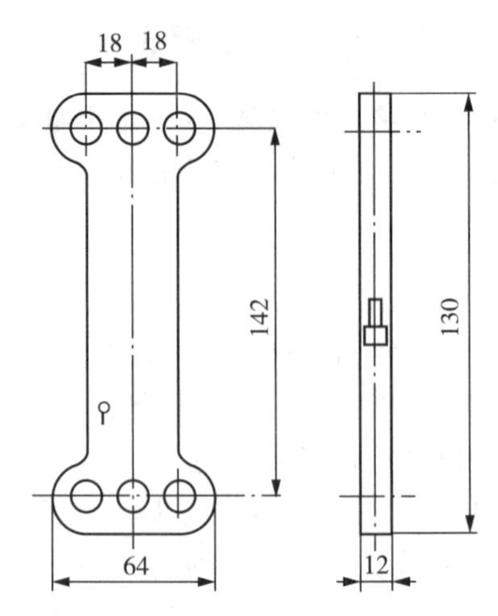

图 2-16　弹性模量泊松比实验试件（单位：mm）

这样，弹性模量 E 和泊松比 μ 的测量就转化为拉力、压力和纵、横向应变的测量，拉力、压力的测量原理同拉伸实验、压缩实验，应变的测量采用电阻应变片电测法。

电阻应变片可形象地理解为按一定规律排列有一定长度的电阻丝，实验前通过胶粘的方式将电阻应变片粘贴在试件的表面，试件受力变形时，电阻应变片中的电阻丝的长度也随之发生相应的变化，应变片的阻值也就发生了变化。实验中采用的应变片是由两个单向应变片组成的十字形应变花，所谓单向应变片，就是应变片的电阻值对沿某一个方向的变形最为敏感，称此方向为应变片的纵向，而对垂直于该方向的变形阻值变化可忽略，称此方向为应变片的横向。利用应变片的这个特性，在进行应变测试时，所测得的只是试件沿应变片纵向的应变，其不包含试件垂直方向变形所引起的影响。对于单向电阻应变片而言，在其工作范围内，其电阻的变化与试件的变形有如下的关系：

$$\frac{\Delta R}{R}=K_{应}\frac{\Delta L}{L_0}=K_{应}\ \varepsilon \tag{2-13}$$

$K_{应}$称为电阻应变片的灵敏度系数，不同材料的电阻应变片灵敏度系数不同，常用应变片的灵敏度系数 $K_{应}$ 一般在 2.1 左右。即使同一批应变片的灵敏度系数也并非相同，例如在该实验中所粘贴的电阻应变片的阻值 $R=(120.2\pm0.3)\Omega$，$K=2.19\pm1\%$。通常应变片应变极限为 $\varepsilon\leqslant2\%$，但有些特制的应变片其应变极限可达到 20%。

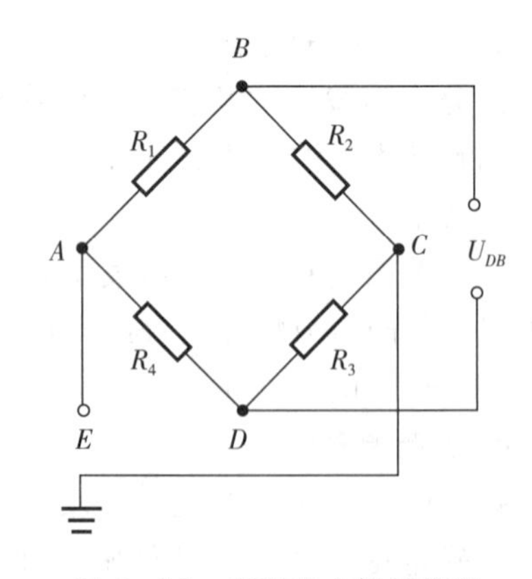

图 2-17　惠斯登电桥原理图

由于常用钢材当应力达到弹性极限时，$\varepsilon<0.2\%$，所以可以采用粘贴应变片的方式来测量试件的应变，这样对试件应变的测量就转化成了对应变片 $\Delta R/R$ 的测量。常用的测量方式是采用惠斯登电桥进行测量，惠斯登电桥原理图如图 2-17 所示。

电桥由四个桥臂电阻 R_1、R_2、R_3、R_4 组成，供桥

电压由 A、C 点输入，输出电压为 U_{DB}。假定电桥的初始状态为 $R_1/R_2=R_3/R_4$，此时电桥输出电压 $U_{DB}=0$，称之为平衡电桥。极限情况为 $R_1=R_2=R_3=R_4=R$。

现在假定 $R_1=R_2=R_3=R_4$，电阻应变片 R_1 粘贴在被测试件上，其余应变片粘贴在非受力试件上，在不考虑非受力原因引起的应变片电阻变化时，认为其为恒定值。这样应变片 R_1 由于试件变形产生 ΔR 的变化时，输出电压 U_{DB} 也会产生相应的变化 ΔU_{DB}，由于电桥初始状态为平衡电桥，即 $U_{DB}=0$，故有

$$\Delta U_{DB}=U_{DC}-U_{BC}=\frac{1}{2}E-\frac{E}{R_1+\Delta R+R_2}R_2$$

$$=\frac{1}{2}E-\frac{E}{2R+\Delta R}R=\frac{\Delta R}{4R+2\Delta R}E=\frac{\Delta R/R}{4+2\Delta R/R}E \tag{2-14}$$

由于 ΔR 很小，所以 $\lim(4+2\Delta R/R)=4$，因此

$$\Delta U_{DB}=\frac{\Delta R/R}{4}E=\frac{K_{应}\ \varepsilon_1}{4}E=K_{应}\ K_{仪}\ \varepsilon_1 \tag{2-15}$$

通过计算机数据采集系统，对桥路输出的电压进行放大、离散采集及数据二次运算，就可以得到被测试件的应变 ε，$\varepsilon=K_{应}\ K_{仪}\ \varepsilon_1$。

调整 $K_{仪}=1/K_{应}$，则 $\varepsilon=\varepsilon_1$；同样可以推导；电阻应变片 R_2 粘贴在被测试件上，其余应变片粘贴在非受力试件上时，有 $\varepsilon=-\varepsilon_2$。

当四个电阻应变片全部粘贴在被测试件上时，有

$$\varepsilon=\varepsilon_1-\varepsilon_2+\varepsilon_3-\varepsilon_4 \tag{2-16}$$

在实际测试中，把粘贴在试件上变形的应变片叫作工作片，把粘贴在非受力构件上在实验中不变形的应变片称之为补偿片。在实际的测试过程中，引起应变片电阻变化的不仅仅是 ε，温度、湿度等的变化均能导致电阻应变片电阻的变化。例如对于截面均匀的导体，当导体的材料温度一定时，有

$$R=\rho_0(1+\alpha T)\frac{L}{S} \tag{2-17}$$

式中，ρ_0——材料在 0 ℃时的电阻率；

α——材料的电阻温度系数。

这些由非试件变形等原因导致的电阻变化，对于工作片和补偿片产生的影响往往是相同的。由式(2-16)可以看出，工作片与补偿片在不同的桥臂上，相同的变化量会相互抵消，所以在测试过程中通过将补偿片粘贴在与工作片具有相同材质的构件上，且与工作片处于相同的工作环境中，这样就可以使补偿片感知与工作片相同的环境变化，产生大致相同的电阻变化，从而减小在测试过程中环境变化导致的测试误差，其中最主要的是补偿由温度变化引起的电阻的变化，故通常称补偿片为温度补偿片。

这样通过给每一个工作片粘贴一个温度补偿片就可以减小由环境变化引起的电阻的变化而导致的测试误差，但这意味着随着工作片的增加，补偿片也需要等量的增加，这样就变得不方便和不经济。实际通常采用测量通道共用温度补偿片，通道分时切换测量

的工作方式。但这种测量方式需有切换开关，采样速率较低。在较高速的多点采样时，多采用补偿通道的补偿方式，组桥时，工作应变片与补偿片分别与标准电阻组成独立的半桥，补偿通道等同于一独立通道，数据采集时，测量通道的数据与补偿通道的数据相减就可以起到补偿的作用。这样就可以实现多个工作片共用一个补偿片的补偿方式，习惯上称之为1/4桥。

在实际测试中，温度补偿片可以补偿由环境变化引起的误差，但有些误差是温度补偿片无法消除的。例如在弹性模量实验轴向拉伸时，制作精度及装夹等原因会产生附加弯矩，使得试件两侧对称粘贴的应变片一侧大于理论值而另一侧小于理论值，且误差两绝对值基本相等。根据桥路误差补偿原理，此时采用单一通道半桥补偿时不仅无法去掉该误差，反而将被测量的理论值补偿掉。对于此类理论值相同，而误差方向相反的应变的测量，桥臂为单片时，需采用全桥的补偿方式，应变片串联半桥补偿在半桥或 1/4 桥时需采用将两应变片串联起来组成一个桥臂的工作方式，应变片串联并桥补偿原理图如图 2－18 所示。图中 $R_{纵前}$ 为粘贴在测试试件前侧的纵向应变片，$R_{补前}$ 为粘贴在补偿试件前侧的纵向应变片，其余以此类推，R_3、R_4 为仪器内部提供的标准电阻，一般为 120 Ω。这样相对于只测单面应变片的测量方式就可以消除拉伸时由试件附加弯曲等导致的试件前后面变形不均匀导致的误差。应变片在半桥补偿方式时测得电阻的变化比值为 $2\Delta R/2R=\Delta R/R$，也等于测得的单片应变值。当组成 1/4 桥时，由于补偿电阻为仪器内置电阻，电桥为非平衡电桥，此时测得的应变值需根据串联后的阻值进行相应的修正。通常计算机数据采集系统均带应变片阻值修正功能，修正时只需输入串联后的阻值即可。实际上，影响应变测量的不仅有应变片的阻值，电阻应变片的灵敏度系数、导线电阻等均可对测试结果产生影响，在测试参数中输入相应的数值即可消除其带来的误差。

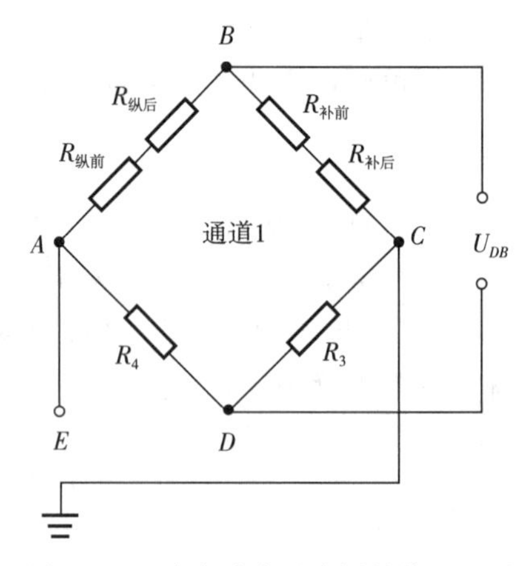

图 2－18　应变片串联半桥补偿原理图

用游标卡尺测得试件的截面尺寸，从而得到试件的截面面积，通过拉压力传感器测得试件所受的荷载，用电阻应变片电测法得到试件的应变，将上述值代入相应的公式，即可得到该材料的弹性模量 E 和泊松比 μ。

5. 实验步骤

(1)用游标卡尺在粘贴应变片中部的两侧，多次测量试件的直径 D 和厚度 H，计算试件的截面面积 S_0；并查相关资料，预估其弹性阶段极限承载力。

(2)与拉伸实验试件的装夹类似，安装好弹模试件(图 2－19)。

(3)按要求连接测试线路，一般第一通道测拉、压力，连接到实验机的拉、压力传感器接口上。其余通道选择测应变，应变的测试采用双片串联的方式。首先用短路线将两个纵向和两个横向应变片分别串联起来，包括补偿应变片，然后采用快速插头连接的方式，将被测应变片依次连接到测试通道中。

(4)设置数据采集环境,包括设置测试参数和数据预采集。

(5)设置实验机所处的状态,关闭"进油手轮",关闭"调压手轮",依次选择"拉压自控""油泵启动""拉伸下行"。打开"进油手轮"进行拉伸加载,实验过程中通过进油手轮的旋转来控制加载速度。从中间窗口内可以读到试件所受的力以及试件的纵向应变和横向应变,至合适拉伸值时打开"压力控制手轮",选择"压缩上行",至力归零后,关闭"压力控制手轮",通过"进油手轮"控制加载速度,进行压缩加载,至合适压缩值时打开"压力控制手轮"选择"拉伸下行",至力归零后,关闭"压力控制手轮",进行拉伸加载,通过旋转"进油手轮"控制加载速度。加载至合适值后,再卸载,进行压缩加载。这样循环测试到3～4组正确的数据后,在试件处于非受力的状态下就可以关闭"进油手轮",停止采样。再依次选择"油泵停止""拉压停止""自控停止"就完成了加载测试的过程。

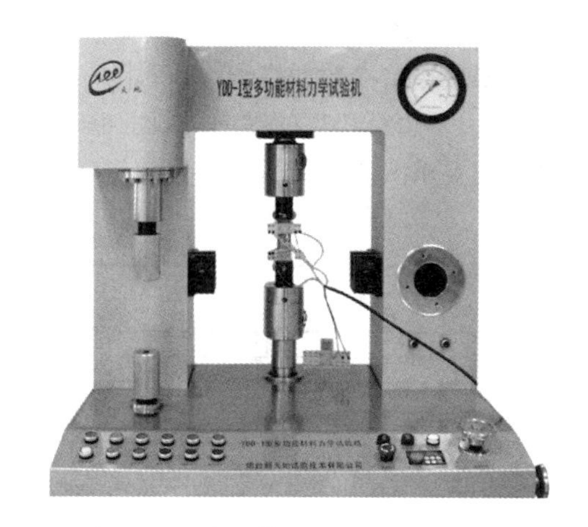

图 2-19　弹性模量和泊松比实验装置

6. 实验结果

(1)弹性模量 E 按式(2-18)计算:

$$E=\frac{F/S_0}{\Delta L/L_0}=\sigma/\varepsilon \tag{2-18}$$

(2)泊松比 μ 按式(2-19)计算:

$$\mu=\left|\frac{\Delta L_{横}/L_0}{\Delta L_{纵}/L_0}\right|=\left|\frac{\varepsilon_{横}}{\varepsilon_{纵}}\right| \tag{2-19}$$

7. 思考题

(1)弹性模量 E 的物理意义是什么?

(2)为什么要加初载荷?为什么要用增量法加载,且使最大应力控制在材料比例极限之内?

(3)为什么要进行温度补偿?要求满足哪些条件?

第七节　纯弯梁实验

1. 实验目的

测定梁在纯弯曲时某一截面上的应力及其分布情况,验证纯弯梁的弯曲正应力公式,进一步熟悉电测静应力实验的原理并掌握其操作方法。

2. 仪器设备

YDD-1型多功能材料力学实验机和游标卡尺等。

3. 实验步骤

(1)测量原始参数并在梁上、下水平面的纵向轴对称中心线上、中性层上,以及距中性层和梁的上下边缘相等的纵向轴线上贴应变片(图 2-20)。

(2)按要求安装好纯弯梁实验装置(图 2-21)。

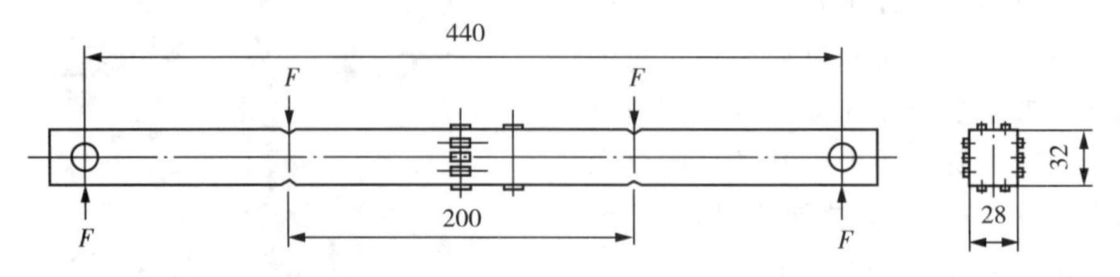

图 2-20　纯弯梁贴片图(单位:mm)

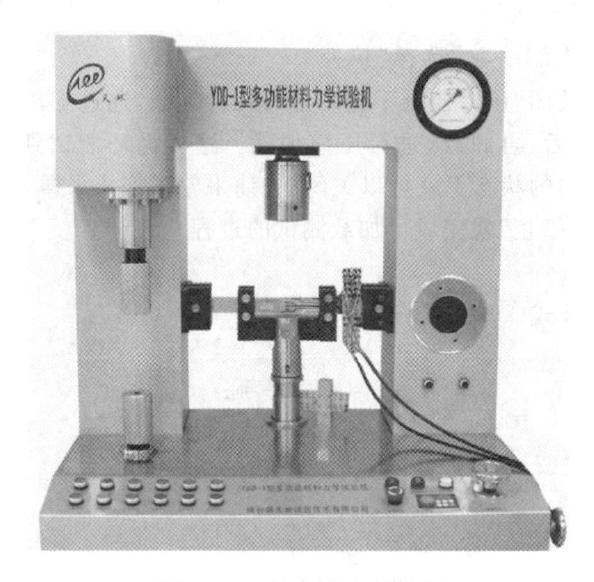

图 2-21　纯弯梁试验装置

(3)通过控制进油手轮的旋转来控制加载速度,拉力、压力的大小测试同拉伸实验、压力实验,测力传感器直接测量油缸活塞杆的拉压力,并通过计算得到梁纯弯段的弯矩。通过在不同梁高部位粘贴电阻应变片来测量该位置的应变,从而可以得到该梁高处的应力。实验时,为减小由梁变形不对称引起的测量误差,在梁两侧对称粘贴应变片,并采用将相同位置的应变片串联测量的测试方式。为便于不同梁高应变的比较,应变的测量采用共用补偿片的测量方式。

(4)数据采集分析系统记录试件所受的力及应变,并生成力、应变实时曲线及力、应变的 $X-Y$ 曲线。

4. 实验结果

根据实验数据验证纯弯曲正应力计算公式:

$$\sigma=\frac{My}{I_z} \tag{2-20}$$

式中，M——弯矩；

I_z——横截面对中性层的惯性矩；

y——所求应力点的纵坐标（中性轴为坐标零点）。

由上式可知梁在纯弯曲时，沿横截面高度各点处的正应力按线性规律变化。根据纵向纤维之间无挤压的假设，纯弯梁中的单元体处于单纯受拉或受压状态。由单向应力状态的胡克定律 $\sigma=\varepsilon \cdot E$ 可知，只要测得不同梁高处的 ε，就可计算出该点的应力 σ，然后与相应点的理论值进行比较，以验证弯曲正应力公式。

5. 思考题

(1)实验结果和理论计算是否一致？如不一致，其主要影响因素是什么？

(2)弯曲正应力的大小是否会受材料弹性模量 E 的影响？

第八节　弯扭组合梁实验

1. 实验目的

测量薄壁圆管在弯曲和扭转组合变形下，其表面一点的主应力大小及方位；掌握用电阻应变花测量某一点主应力大小及方位的方法；将测点主应力值与该点主应力的理论值进行分析比较。

2. 仪器设备

BZ8001 弯扭组合梁的主应力测量实验装置(图 2-22)、静态电阻应变测力仪、游标卡尺和钢尺等。

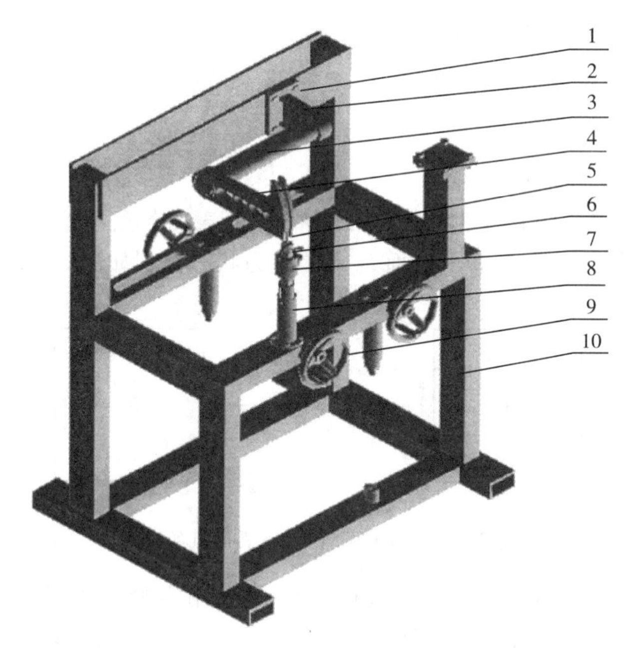

1—紧固螺钉；2—固定支座；3—薄壁圆筒；4—扇形加力架；5—钢丝；
6—钢丝接头；7—拉压力传感器；8—蜗杆升降机构；9—手轮；10—台架主体。

图 2-22　弯扭组合梁实验装置

该装置用的试件采用无缝钢管制成一空心轴，外径 $D=55$ mm，内径 $d=51$ mm，$E=206$ GPa，根据设计要求初载 $\Delta P\geqslant 0.3$ kN，终载 $P_{max}\leqslant 1.2$ kN。装置上的薄壁圆管一端固定，另一端自由。在自由端装有与圆管轴线垂直的加力杆，该杆呈水平状态。载荷 P 作用于加力杆的自由端。此时薄壁圆管发生弯曲和扭转的组合变形。

实验时将拉压力传感器安装在蜗杆升降机构上拧紧，顶部装上钢丝接头。观察加载中心线是否与扇形加力架相切，如不相切调整紧固螺钉（共四个），调整好后用扳手将紧固螺钉拧紧。将钢丝一端挂入扇形加力杆的凹槽内，摇动手轮至适当位置，把钢丝的另一端插入传感器上方的钢丝接头内。

在距圆管自由端距离为 b 的横截面的上、下表面 A 和 B 处各贴有一个 45°应变花（图 2-23）。

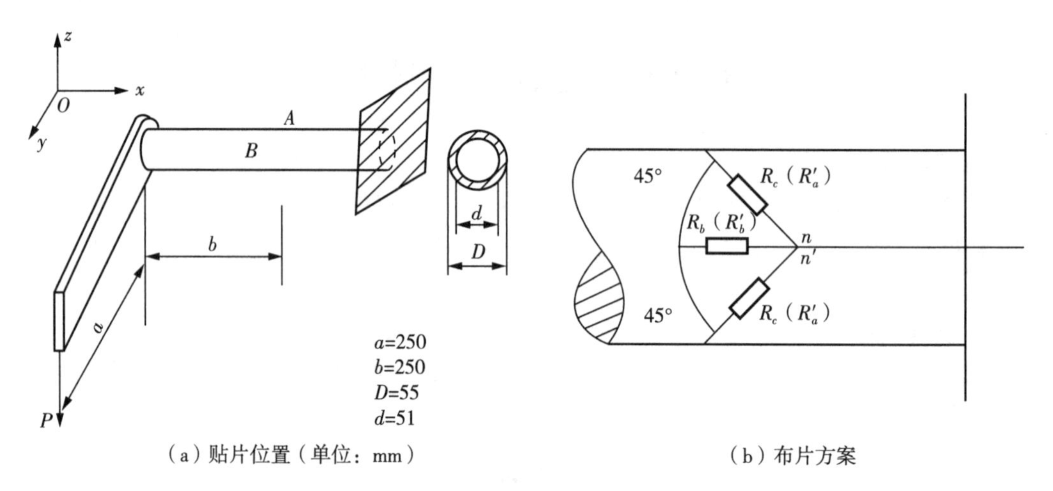

图 2-23　弯矩组合图贴片

3. **实验原理**

(1)测定主应力大小和方向

理论分析表明，薄壁圆管发生弯扭组合变形时，其表面各点均处于平面应力状态，如图 2-23 所示截面的上表面 A 点和下表面 B 点的应力状态分别如图 2-24 所示。

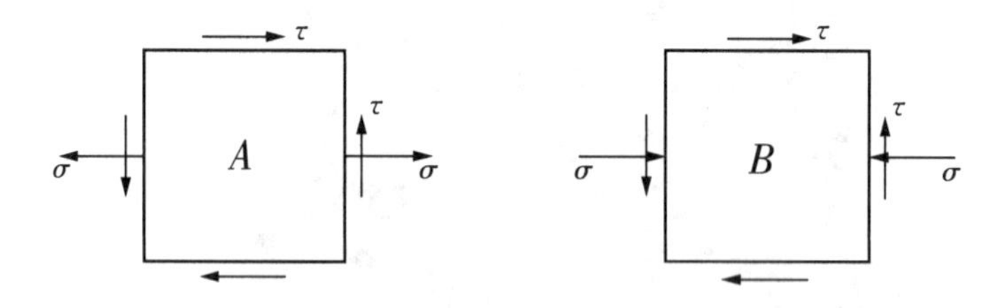

图 2-24　薄壁圆管上、下表面点的应力

由应力状态理论可知，对于平面应力状态问题，要用实验方法测定某一点的主应力大小及方位，一般只要测得该点一对正交方向的应变分量 ε_x、ε_y 及 γ_{xy} 即可。用实验手段测定线应变 ε 较为容易，但角应变 γ_{xy} 的测定却困难得多，而由平面应力状态下一点的应变分析可知平面上某点处的坐标应变分量 ε_x、ε_y 及 γ_{xy} 与该点处任一指定方向 α 的线应变 ε_α 有下列关系：

$$\varepsilon_\alpha = \varepsilon_x \cos^2\alpha + \varepsilon_y \sin^2\alpha + \frac{1}{2}\gamma_{xy}\sin 2\alpha \quad (2-21)$$

从理论上说可以测定过该点任意三个不同方向上的线应变 ε_α、ε_β、ε_γ，建立三个如式(2-21)的独立方程，解此方程组即可完全地、唯一地确定 ε_x、ε_y、γ_{xy}，但因方程中出现了三角函数，为了解算简便，在实验测试中，生产厂家已将三个应变片互相夹一特殊角，组合在同一基底上组成应变花，本实验采用互成 45°的直角应变花，布设方式如图 2-25 所示。

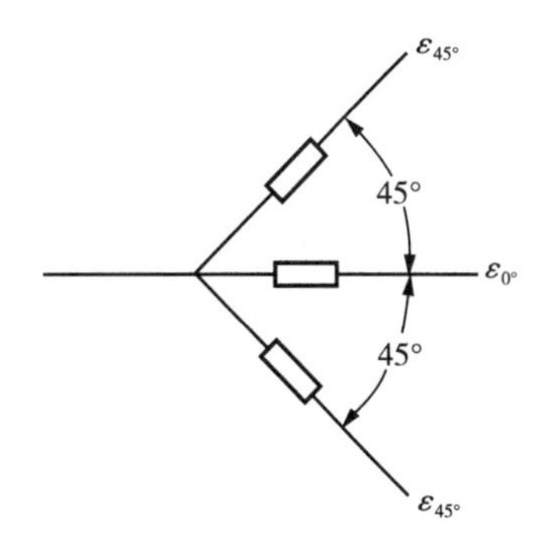

图 2-25　应变花粘贴位置

由此根据式(2-21)可得

$$\varepsilon_{0^\circ} = \varepsilon_x \cos^2 0^\circ + \varepsilon_y \sin^2 0^\circ + \frac{1}{2}\gamma_{xy}\sin(2\times 0^\circ) \quad (2-22)$$

$$\varepsilon_{45^\circ} = \varepsilon_x \cos^2 45^\circ + \varepsilon_y \sin^2 45^\circ + \frac{1}{2}\gamma_{xy}\sin(2\times 45^\circ)$$

$$\varepsilon_{-45^\circ} = \varepsilon_x \cos^2(-45^\circ) + \varepsilon_y \sin^2(-45^\circ) + \frac{1}{2}\gamma_{xy}\sin[2\times(-45^\circ)]$$

由电测法测定三个方向的线应变 ε_{0°、ε_{45°、ε_{-45°，并联立求解上述方程组，即可求得

$$\varepsilon_x = \varepsilon_{0^\circ}$$

$$\varepsilon_y = \varepsilon_{45^\circ} + \varepsilon_{-45^\circ} - \varepsilon_{0^\circ} \quad (2-23)$$

$$\gamma_{xy} = \varepsilon_{45^\circ} - \varepsilon_{-45^\circ}$$

由主应变公式：

$$\varepsilon_{1.3} = \frac{1}{2}\left[(\varepsilon_x + \varepsilon_y) \pm \sqrt{(\varepsilon_x - \varepsilon_y)^2 + \gamma_{xy}^2}\right]$$

将 ε_x、ε_y、γ_{xy} 代入得

$$\varepsilon_{1.3} = \frac{1}{2}\left[(\varepsilon_{45^\circ} + \varepsilon_{-45^\circ}) \pm \frac{\sqrt{2}}{2}\sqrt{(\varepsilon_{0^\circ} - \varepsilon_{45^\circ})^2 + (\varepsilon_{0^\circ} - \varepsilon_{-45^\circ})^2}\right] \quad (2-24)$$

$$\tan 2\alpha_0 = \frac{\varepsilon_{45^\circ} - \varepsilon_{-45^\circ}}{2\varepsilon_{0^\circ} - \varepsilon_{-45^\circ} - \varepsilon_{45^\circ}}$$

再由广义胡克定律

$$\begin{cases} \sigma_1 = \dfrac{E}{1-\mu^2}(\varepsilon_1 + \mu\varepsilon_3) \\ \sigma_3 = \dfrac{E}{1-\mu^2}(\varepsilon_3 + \mu\varepsilon_1) \end{cases} \quad (2-25)$$

求得主应力为

$$\sigma_{1,3}=\frac{E}{1-\mu^2}\left[\frac{1+\mu}{2}(\varepsilon_{45^\circ}+\varepsilon_{-45^\circ})\pm\frac{\sqrt{2}(1-\mu)}{2}\sqrt{(\varepsilon_{0^\circ}-\varepsilon_{45^\circ})^2+(\varepsilon_{0^\circ}-\varepsilon_{-45^\circ})^2}\right] \tag{2-26}$$

式中，E——构件材料的弹性模量；

μ——构件材料的泊松比。

如果测得三个应变值 ε_{45°、ε_{0° 和 ε_{-45°，由式(2－24)和式(2－26)即可确定一点处主应力的大小和方向的实验值。

(2)理论计算主应力大小及方向

由材料力学公式

$$\sigma=\frac{M}{W_z}=\frac{PbD}{\frac{\pi}{32}(D^4-d^4)} \tag{2-27}$$

$$\tau=\frac{M}{W_P}=\frac{PaD}{\frac{\pi}{16}(D^4-d^4)} \tag{2-28}$$

$$\sigma_{1,3}=\frac{\sigma}{2}\pm\sqrt{\left(\frac{\sigma}{2}\right)^2+\tau^2} \tag{2-29}$$

$$\tan 2\alpha_0=-\frac{2\tau}{\sigma} \tag{2-30}$$

可计算出各截面上各点主应力大小及方向的理论值，然后再与实验值相比较。

4. 实验步骤

(1)测量薄壁圆管试件的有关尺寸(a、b、D、d)，按要求完成实验装置的连接。

(2)按测试要求将薄壁圆管上所测各点的应变片，按半桥接线接入电阻应变仪组成半桥单臂测量电桥，并调整好所有仪器设备。

(3)根据薄壁圆管尺寸及许用应力，确定最大载荷 P_{max} 和载荷增量 ΔP，拟定实验加载方案。本实验取初始载荷 $P_0=0.2$ kN(200 N)，$P_{max}=1$ kN(1000 N)，$\Delta P=0.2$ kN(200 N)，以后每增加载荷 200 N，记录应变读数 ε_i，共加载五级，然后卸载。重复测量三次，取其算术平均值作为实验值，记录到数据列表中。

(4)实验完毕，卸载，实验台和仪器恢复原状。

5. 实验结果

(1)根据所测应变值计算主应力及主方向，并与理论值进行比较，计算相对误差。

(2)分析产生误差的主要原因。

(3)按规定格式写出实验报告。

6. 思考题

(1)电测法测量主应力时，其应变花是否可以沿测点的任意方向布设？为什么？

(2)若将测点选在薄壁圆管的中性层位置，则其主应力值将发生怎样的变化？这时布设什么形式的应变花比较合适？为什么？测出的是哪种应力？

(3)如何利用不同桥路接法和布片方案提高本实验的测试精度？

第九节　连续梁实验

1. 实验目的

实测多跨连续超静定梁截面的应力分布。

2. 仪器设备

BZ8001 连续梁正应力分布规律实验装置(图 2－26)、BZ2208－A 静态应变测力仪、游标卡尺和钢尺等。

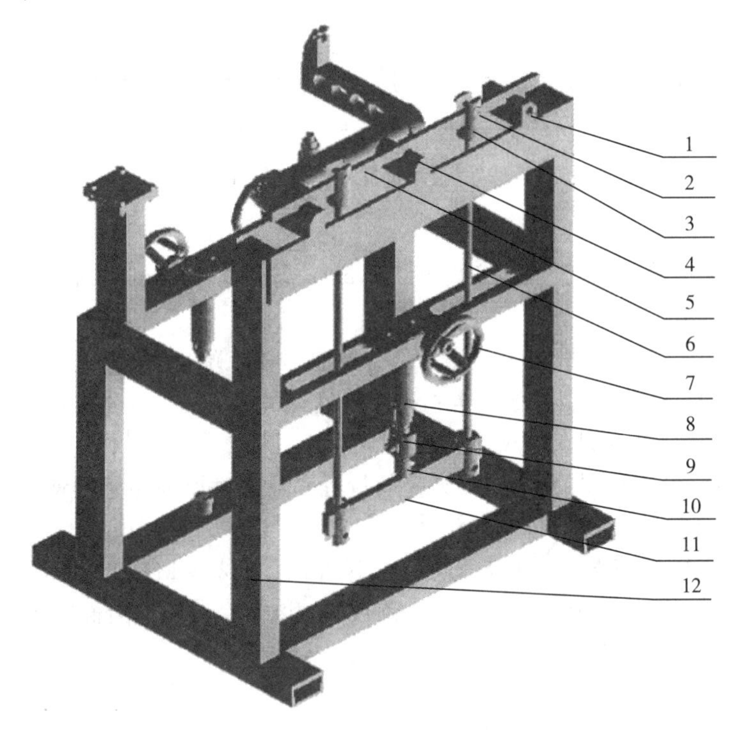

1—侧支座;2—销子;3—加力杆接头;4—中间支座;5—连续梁;6—加力杆;7—手轮;
8—蜗杆升降机构;9—拉压力传感器;10—压头;11—加载下梁;12—台架主体。

图 2－26　连续梁试验装置

如图 2－26 所示,将拉压力传感器安装在蜗杆升降机构上拧紧,将侧支座(两个)和中间支座放于如图所示的位置,并关于加力中心成对称放置,将连续梁置于支座上,也成对称放置。将加力杆接头(两对)与加力杆(两个)连接,分别用销子悬挂在实验梁上,再用销子把加载下梁固定于图中所示位置,调整加力杆的位置成铅垂状态并关于加力中心对称。摇动手轮使传感器升到适当位置,将压头放在如图中所示位置,压头的尖端顶住加载下梁中部的凹槽,适当摇动手轮使传感器端部与压头稍微接触。检查加载机构是否关于加载中心对称,如不对称应反复调整。

注意:实验过程中应保证加载杆始终处于铅垂状态,并且整个加载机构关于中心对称,否则将导致实验结果有误差,甚至错误。

连续梁的贴片:

$1^{\#}$、$5^{\#}$片分别在梁纵向 1/2 处的上下平面中心线上，$3^{\#}$、$8^{\#}$片在梁竖向平面的水平对称中心线上，$6^{\#}$、$10^{\#}$片分别在梁纵向 1/4 处的上下平面中心线上，如图 2－27 所示。A、C、E 三点为支座反力作用点，B、D 两点为加载集中力作用点。

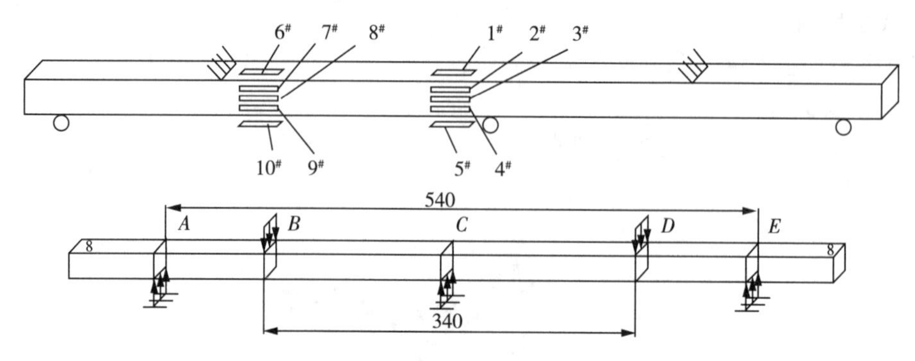

图 2－27　连续梁贴片图(单位:mm)

3. 实验步骤

(1)测量相关尺寸，连续梁截面宽度 $b=15$ mm，高度 $h=25$ mm，荷载作用点到梁两侧支点距离 $c=100$ mm。

(2)将传感器连接到 BZ2208－A 测力部分的信号输入端，将梁上应变片的公共线接至应变仪任一通道的 A 端子上，其他接至相应序号通道的 B 端子上，公共补偿片接在公共补偿端子上。检查并记录各测点的顺序。

(3)打开仪器，设置仪器的参数，测力仪的量程和灵敏度设为传感器量程、灵敏度。注：如果不接补偿则 S6 设为 0 即可。

(4)本实验取初始荷载 $P=0.5$ kN(500 N)，$P_{max}=2.5$ kN(2500 N)，$\Delta P=0.5$ kN(500 N)，以后每增加荷载 500 N，记录应变读数 ε_i，共加载五级，然后卸载。

(5)实验完毕，卸载，实验台和仪器恢复原状。

4. 实验结果

表 2－1　实验记录表格

荷载 P/N	应变仪读数 ε/μm									
	1	2	3	4	5	6	7	8	9	10
－500		—		—		—		—		—
－1000										
－1500										
－2000										
－2500										
$\Delta\varepsilon_1$	—		—		—		—		—	
$\Delta\varepsilon_2$										
$\Delta\varepsilon_3$										
$\Delta\varepsilon_4$										
$\Delta\varepsilon_5$										
$\overline{\Delta\varepsilon_{实}}$										

第十节　压杆稳定实验

1. 实验目的

测定两端铰支约束细长压杆的临界力P_{cr}，并与理论值进行比较，验证欧拉公式；观察两端铰支细长压杆的失稳现象。

2. 仪器设备

静态数字应变仪或百分表、多功能力学实验台和已贴应变片的矩形截面细长压杆等。

3. 实验原理

压杆材料为弹簧钢(60Si2Mn)，压杆截面高度 $h=2.9$ mm，压杆截面宽度 $b=20$ mm，长度 $L=300$ mm，弹性模量 $E=206$ GPa。

对于两端铰支的轴向受压细长压杆，按照小变形理论，其临界力可由欧拉公式求得

$$P_{cr}=\frac{\pi^2 EI}{L^2}$$

当压杆所受轴向荷载 P 小于试件的临界荷载P_{cr}时，弯曲变形能随横向干扰力的拆去而消失，杆件能恢复到原来的直线位置。说明 $P<P_{cr}$时，细长压杆原有的直线形式的平衡是稳定的。

当压杆所受轴向荷载 P 等于临界荷载P_{cr}时，压杆处于临界状态，可在微弯情况下保持平衡。

如以荷载 P 为纵坐标，压杆中点挠度 ω 为横坐标。按小变形理论绘出的 $P-\omega$ 图形可用两段折线 OA 和 AB 来描述(图 2－28)。

而实际压杆由于不可避免地存在初始曲率或荷载可能有微小偏心以及材料不均匀等现象发生，在加载初始就出现微小挠度，开始时其挠度 ω 增加较慢，但随着荷载增加，挠度也不断增加，当荷载接近临界荷载时，挠度急速增加，其 $P-\omega$ 曲线如图 2－28 中的 OCD 所示。实际曲线 OCD 与理论曲线之间的偏离，表征初始曲率、偏心以及材料不均匀等因素的影响，这种影响越大，偏离就越大。显然，实际曲线的水平渐近线即代表压杆的临界荷载P_{cr}。

工程中的压杆都在小挠度下工作，过大的挠度会产生塑性变形或断裂。仅有部分材料制成的细长杆能承受较大的挠度，其荷载稍高于P_{cr}，如图 2－28 中的虚线 DE 所示。

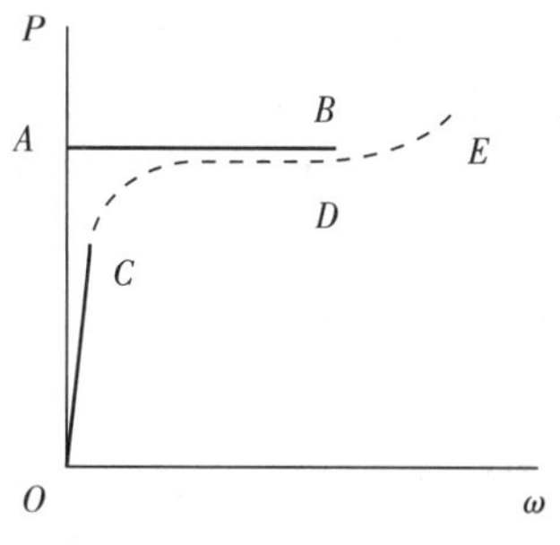

图 2－28　$P-\omega$ 曲线

实验测定临界荷载，可用百分表法测量杆中点处挠度 ω[图 2－29(a)]。绘制 $P-\omega$ 曲线，作 $P-\omega$ 曲线的水平渐近线就得到临界载荷P_{cr}。当采用百分表法测量杆中点挠度时，由于压杆的弯曲方向不能预知，应预压一定量程，以给杆向左、向右弯曲留有测量余地。

由于弯曲变形的大小也反映在试样中点的应变上，所以，也可在杆中点处两侧各粘贴一应变片[图 2－29(b)]，将它们接成半桥形式，记录

应变仪读数ε_{du}，绘制 $P-\varepsilon_{du}$ 曲线，作 $P-\varepsilon_{du}$ 曲线的水平渐近线，就得到临界载荷P_{cr}。

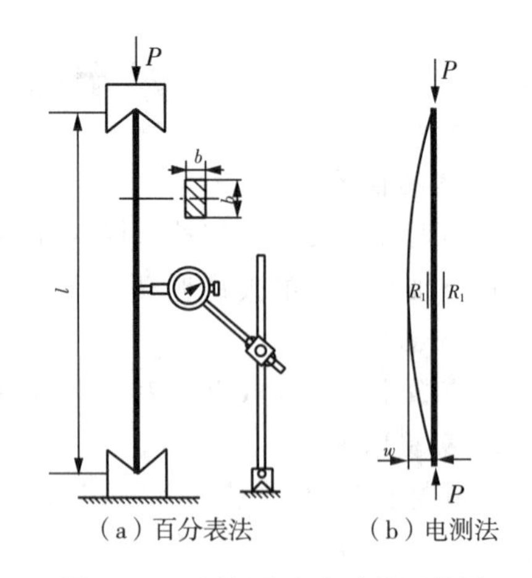

(a) 百分表法　　(b) 电测法

图 2-29　压杆稳定实验装置简图

若用电测法测量杆中点应变，则被测量应变 ε 应包含两个部分，即轴力引起的应变和附加弯矩引起的应变：

$$\varepsilon=\varepsilon_P+\varepsilon_M \tag{2-31}$$

若将两个应变片作为工作片组成半桥，注意到两侧弯曲应变符号相异，则有

$$\varepsilon_{du}=2\varepsilon_M \tag{2-32}$$

可见此时已消除了由轴向压力产生的应变，其读数就是测点处由弯矩 M 产生的真实应变的 2 倍。因此由弯矩产生的测点处的正应力为

$$\sigma=\frac{M\frac{h}{2}}{I}=\frac{F\omega\frac{h}{2}}{I}=E\varepsilon=E\frac{E_{du}}{2} \tag{2-33}$$

$$\omega=\frac{EI}{Ph}\varepsilon_{du} \tag{2-34}$$

由上式可见，在荷载 P 作用下，应变仪读数ε_{du}的大小反映了压杆挠度 ω 的大小，因此可用电测法来确定临界荷载P_{cr}。

4. 实验步骤

(1)将压杆安装在 V 形的上、下压头之间，并注意对好中心线。

(2)将应变片 R_1、R_2 按半桥的方式接入应变仪中。

(3)将应变仪按所使用的应变片灵敏系数和应变片电阻值进行正确设置。

(4)在压杆上稍加一轴向压力(10 N)，作为初始轴向压力P_0。

(5)在轴向压力为P_0时将应变仪置零(也可记录初始的应变读数)。

(6)根据实验前对临界力的估计，在轴向力小于估计临界荷载P_{cr}值的 80%以内，分大等级力加载(一般分 6 级)，并记录每级读数应变；在估计临界荷载P_{cr}值 80%以上时，分小等级力加载(一般约为大等级力的 1/5～1/4)，直到弯曲应变的读数值 $\varepsilon_d=1000\mu\varepsilon$ 为止。

(7)根据弯曲应变值描绘曲线，并找出所描曲线 CD 段的渐近线，确定临界荷载P_{cr}的测试值。

5. 实验结果

(1)将实验数据填入记录表。

(2)根据实验数据描绘 $P-\omega$(或 $p-\varepsilon_{du}$)曲线。

(3)确定曲线 CD 段的渐近线，从而确定临界荷载P_{cr}的测试值。

(4)用欧拉公式计算临界荷载P_{cr}^{th}理论值，计算临界荷载实验测试值的相对误差为 $\frac{P_{cr}^{th}-P_{cr}}{P_{cr}^{th}}\times100\%$。

6. **思考题**

(1)如果以ε_1和ε_2分别表示左右两侧的应变,显然随着 P 的增加,两者差异加大。如果以压力 P 为纵坐标,压应变 ε 为横坐标,可绘出 $P-\varepsilon_1$ 和 $P-\varepsilon_2$ 两种曲线。两种 $P-\varepsilon$ 曲线的水平渐近线是否一致?

(2)本实验装置与理想情况有什么不同?对实验结果会产生哪些影响?

(3)对同一压杆,如支承条件不同,对其临界荷载的影响大吗?为什么?

第三章 工程测量实验

工程测量是土木工程类专业中一门重要的专业基础课。工程测量工作在土木工程的勘测、规划、设计、施工、竣工验收、质量管理和安全运行各个环节中都起着十分重要的作用。工程测量实验是学习工程测量课程的重要环节，是培养学生进行测量工作基本操作技能的有效途径。通过本章的学习和实验，一是掌握测绘仪器基本操作技能，熟练仪器的使用方法；二是掌握测量中观测、记录、计算、校核、绘图和编写报告的方法；三是掌握测量的基本程序和作业过程，获得解决工程测量问题的初步能力；四是培养学生严谨认真的科学素养、同心协力的团队精神和吃苦耐劳的坚韧品质。

第一节 微倾式水准仪的认识与使用

1. 实验目的

了解 DS_3 型微倾式水准仪的基本构造；认识其主要部件的名称、性能和作用；掌握 DS_3 型微倾式水准仪的安置、瞄准、读数方法；测量两点间的高差。

2. 仪器设备

DS_3 型微倾式水准仪、水准仪脚架、水准尺、尺垫和记录板等。

3. 实验步骤

(1)安置仪器

首先松开脚架架腿的三个伸缩固定螺丝，抽出活动腿至适当高度(大致与肩平齐)，拧紧固定螺丝。张开架腿使脚尖呈等边三角形，摆动一架腿(圆周运动)使架头大致水平，踩实三脚架脚尖。然后将仪器用中心连接螺旋固定在脚架上，并使基座连接板三边与架头三边对齐。在斜坡上安置仪器时，可通过调节位于上坡的架腿长短来安置脚架。

(2)认识仪器

指出仪器各部件的名称和位置，了解其作用并熟悉使用方法，同时弄清水准尺的分划注记。

(3)粗略整平

粗平是用脚螺旋将圆水准器的气泡居中。任选两个脚螺旋，双手相向等速转动这对脚螺旋，使气泡移动至中间，再转动另一个脚螺旋使气泡居中，一般需反复操作 2～3 次即可整平仪器。整平时，气泡移动方向始终与左手大拇指运动的方向一致，由此来判断脚螺旋转动方向，以便气泡快速居中。

(4)瞄准水准尺、精平与读数

① 瞄准。转动目镜对光螺旋进行对光，使十字丝清晰，然后松开制动螺旋，转动仪器，

用照门和准星瞄准水准尺，拧紧制动螺旋，再转动物镜对光螺旋，使水准尺成像清晰，然后转动微动螺旋，使十字丝纵丝靠近水准尺分划一侧。当影像没有成像在十字丝分划板的焦平面上时，会产生视差，若存在视差，则应重新进行目镜对光和物镜对光，将视差予以消除。

② 精平。应调整普通微倾水准仪微倾螺旋，使长水准管的两端影像抛物线吻合，读数后还应再次检查影像抛物线是否吻合。对于自动安平水准仪无需进行此项操作，可在粗平后直接进行读数。

③ 读数。读数前应判明水准尺的注记、分划特征和零点常数，以免读错。读数时，水准尺的影像无论是倒字还是正字，一律从小向大的方向读数，读出米、分米和厘米数值，并估读毫米数值，读出有效四位数。

(5)测定地面两点间的高差

① 在地面上选定 A、B 两个较坚固的点作为后视点和前视点。

② 在 A、B 两点间安置水准仪，使水准仪距离 A、B 两点的距离大致相等。

③ 立水准尺在点 A 上，瞄准点 A 水准尺，精平后读数，此为后视读数，计入表中后视读数栏。

④ 立另一水准尺在点 B 上，瞄准点 B 水准尺，精平后读数，此为前视读数，计入表中前视读数栏。

⑤ 计算 A、B 两点的高差：h_{AB}＝后视读数－前视读数。

⑥ 改变仪器高度(不小于 100 mm)，重复上述操作再测一次。所测高差之差不应超过 ±5 mm。

4. 注意事项

(1)三脚架要安置稳妥，高度适中，架头接近水平，架腿螺旋要旋紧。

(2)观测者读数时要注意水准管气泡是否居中，视差是否已消除。

(3)读数时，应读取中丝读数，由小往大数，读记四位数，不可省略。

5. 记录表格

微倾式水准仪的认识与使用记录表见表 3－1 所列。

表 3－1　微倾式水准仪的认识与使用记录表

日期：__________　天气：__________　仪器：__________　地点：__________

组别：__________　观测者：__________　记录者：__________

测站	测点	后视读数/m	前视读数/m	高差/m		高程/m
				＋	－	

（续表）

测站	测点	后视读数/m	前视读数/m	高差/m		高程/m
				+	−	

第二节　普通水准测量

1. 实验目的

掌握普通水准测量的施测、记录、计算、高差闭合差的调整及高程计算的方法；熟悉闭合水准路线的施测方法。

2. 仪器设备

DS_3 型微倾式水准仪、水准尺、尺垫和记录板等。

3. 实验步骤

（1）确定地面点

在地面选定 A、B、C、D、E 五个坚固点组成一闭合水准路线，其中点 A 高程已知，假定高程为 75.256 m。安置仪器于点 A 和点 B 之间，目估前、后视距离大致相等，按一个测站上的操作程序进行观测，测点编号为 1。

（2）水准测量

瞄准后视点 A 上的水准尺，精平后读取后视读数 a，计入手簿。转动水准仪瞄准前视点 B 上的水准尺，精平后读取前视读数 b，计入手簿。计算两点间高差 $h=a-b$。

升高（或降低）仪器 10 cm 以上，两次仪器测得的高差之差不大于 5 mm 时，取其平均值作为平均高差。

沿选定的路线，将仪器迁至点 B 和点 C 的中间，仍用第一站施测的方法进行观测，依次连续设站，再经过点 D 和点 E 连续观测，最后仍回至起始点 A。

（3）计算检核

水准测量中，为防止高差计算错误，应对高差计算结果进行检核。检核方法：后视读数之和与前视读数之和的差应等于高差之和。

$$\sum a-\sum b=\sum h \tag{3-1}$$

（4）高差闭合差的计算与调整

高差闭合差的容许值为

$$f_{h容}=\pm 12\sqrt{n}(\text{mm})或f_{h容}=\pm 40\sqrt{L}(\text{mm}) \tag{3-2}$$

式中，n——测站数；

L——水准路线的长度(km)。

计算待定点高程：根据已知高程点 A 的高程和各点间改正后的高差依次计算 B、C、D、E 四个点的高程，最后还要计算得出点 A 的高程，应与已知值相等，以此校核。

4. 注意事项

(1)水准点和待定点上不要放置尺垫。

(2)每站只能调节脚螺旋一次，每次读数前要调节水准管气泡居中。

(3)读完后视读数仪器不能搬迁，读完前视读数尺垫不能动。

(4)读数时，水准尺要立直。

5. 记录表格

普通水准测量记录表见表 3-2 所列。

表 3-2 普通水准测量记录表

日期：__________ 天气：__________ 仪器：__________ 地点：__________

组别：__________ 观测者：__________ 记录者：__________

水准测量计算表

测站	测点	水准尺读数 /m		高差 /m		高程 /m	备注
		后视	前视	+	−		
Ⅰ	BMA						
	B						
Ⅱ	B						
	C						
Ⅲ	C						
	D						
Ⅳ	D						
	E						
Ⅴ	E						
	BMA						
计算校核	$\sum a-\sum b=$			$\sum h=$			

闭合水准测量成果计算表

测点	距离 L/km	实测高差 /m	改正数 /m	改正后的高差 /m	高程 /m	备注
BMA						
B						
C						
D						
E						
BMA						
$\sum$						
辅助计算	$f_h =$			$f_{h容} =$		

第三节　自动安平水准仪的认识与使用

1. 实验目的

熟悉自动安平水准仪的构造;学会用自动安平水准仪进行普通水准测量;测一闭合水准路线,计算其闭合差。

2. 仪器设备

自动安平水准仪、水准仪脚架、水准尺、记录板和尺垫等。

3. 实验步骤

(1)测一条较长的闭合水准路线,确定起始点并假定其高程,确定水准路线的前进方向。人员分工是两人扶尺、一人记录、一人观测,并视具体情况进行轮换。

(2)每一测站,观测者首先应粗平仪器,使圆水准器气泡居中,然后照准后尺对光、消除视差后,直接读取中丝读数,记录员将读数记入记录表中。读完后视读数,紧接着照准前尺,用同样的方法读取前视读数,计算本站高差 h。

(3)重复上述步骤完成本闭合路线的水准测量。

(4)观测结束后,立即算出高差闭合差 $f_h = \sum h$。如果 $f_h \leqslant f_{h容}$,说明观测成果合格,即可算出各转点和终点高程。否则,要进行重测。

4. 记录表格

等外水准测量记录表见表3-3所列。

表3-3　等外水准测量记录表

日期：__________　天气：__________　仪器：__________　地点：__________

组别：__________　观测者：__________　记录者：__________

<table>
<tr><td rowspan="2">测站</td><td>后视点</td><td colspan="2">水准尺读数/m</td><td colspan="2">高差/m</td><td rowspan="2">改正数/m</td><td rowspan="2">改正后高差/m</td><td rowspan="2">高程/m</td><td rowspan="2">备注</td></tr>
<tr><td>前视点</td><td>后视</td><td>前视</td><td>+</td><td>—</td></tr>
<tr><td rowspan="2"></td><td></td><td></td><td></td><td rowspan="2"></td><td rowspan="2"></td><td rowspan="2"></td><td></td><td></td><td rowspan="2"></td></tr>
<tr><td></td><td></td><td></td><td></td><td></td></tr>
<tr><td rowspan="2"></td><td></td><td></td><td></td><td rowspan="2"></td><td rowspan="2"></td><td rowspan="2"></td><td></td><td></td><td rowspan="2"></td></tr>
<tr><td></td><td></td><td></td><td></td><td></td></tr>
<tr><td rowspan="2"></td><td></td><td></td><td></td><td rowspan="2"></td><td rowspan="2"></td><td rowspan="2"></td><td></td><td></td><td rowspan="2"></td></tr>
<tr><td></td><td></td><td></td><td></td><td></td></tr>
<tr><td rowspan="2"></td><td></td><td></td><td></td><td rowspan="2"></td><td rowspan="2"></td><td rowspan="2"></td><td></td><td></td><td rowspan="2"></td></tr>
<tr><td></td><td></td><td></td><td></td><td></td></tr>
<tr><td rowspan="2"></td><td></td><td></td><td></td><td rowspan="2"></td><td rowspan="2"></td><td rowspan="2"></td><td></td><td></td><td rowspan="2"></td></tr>
<tr><td></td><td></td><td></td><td></td><td></td></tr>
<tr><td rowspan="2"></td><td></td><td></td><td></td><td rowspan="2"></td><td rowspan="2"></td><td rowspan="2"></td><td></td><td></td><td rowspan="2"></td></tr>
<tr><td></td><td></td><td></td><td></td><td></td></tr>
<tr><td rowspan="2"></td><td></td><td></td><td></td><td rowspan="2"></td><td rowspan="2"></td><td rowspan="2"></td><td></td><td></td><td rowspan="2"></td></tr>
<tr><td></td><td></td><td></td><td></td><td></td></tr>
<tr><td rowspan="2"></td><td></td><td></td><td></td><td rowspan="2"></td><td rowspan="2"></td><td rowspan="2"></td><td></td><td></td><td rowspan="2"></td></tr>
<tr><td></td><td></td><td></td><td></td><td></td></tr>
<tr><td colspan="2">计算校核</td><td colspan="8"></td></tr>
</table>

第四节　数字水准仪的认识与使用

1. 实验目的

熟悉数字水准仪的构造及使用方法；学会用数字水准仪进行水准测量。

2. 仪器设备

数字水准仪、数字水准尺、水准仪脚架、尺垫和记录板等。

3. 实验步骤(以 DL-2003A 数字水准仪为例)

(1)开关机方法

① 开机:关机状态,按住⏻键 1 s,一蜂鸣声响过后,松开按键为打开仪器电源。自动进入电子气泡界面,参照电子气泡或圆水准器用三个脚螺旋粗平仪器后按↰键或点击 退出 按钮返回主菜单界面,如图 3-1(a)所示。

② 关机:开机状态,按住⏻键 1 s,一蜂鸣声响过后,松开按键,点击 确定 按钮为关闭仪器电源,如图 3-1(b)所示。

(a)开机　　(b)关机

图 3-1　开关机操作方法

(2)DL-2003A 数字水准仪的设置

① 设置中丝读数小数位数。主菜单按"5 设置"键后,再按"①快速设置"键进入快速设置界面,中丝读数小数位数设置为 0.00001 m、0.0001 m 或 0.001 m,三四等水准建议设置为 0.001 m,可加快读数速度,如图 3-2 所示。

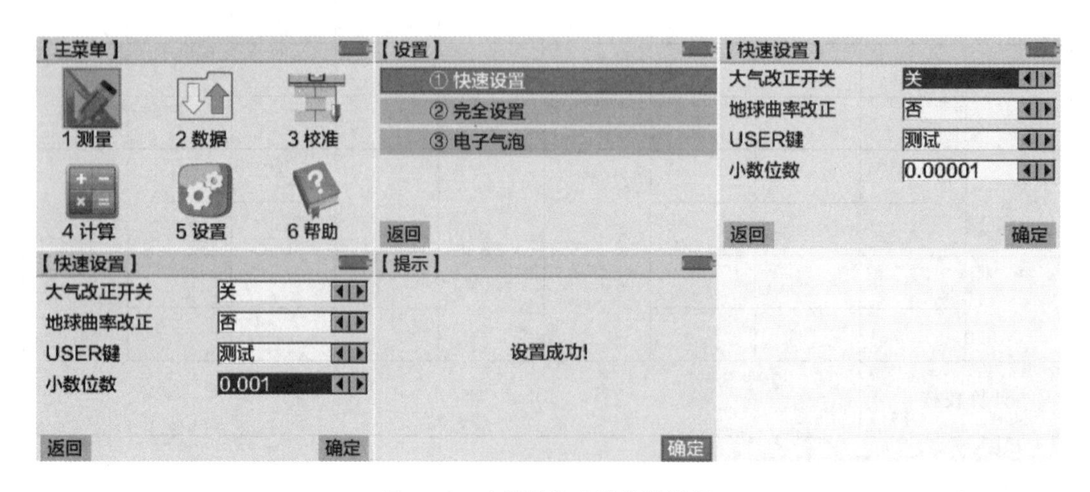

图 3-2　中丝读数小数位数设置

② 执行"测试"命令。主菜单按 SHIFT USER 键(或 FNC 键)进入功能界面,按"①测试"键,进入测试观测界面,按仪器右侧的 MEAS 键,屏幕显示中丝读数与视距,如图 3-3 所示。

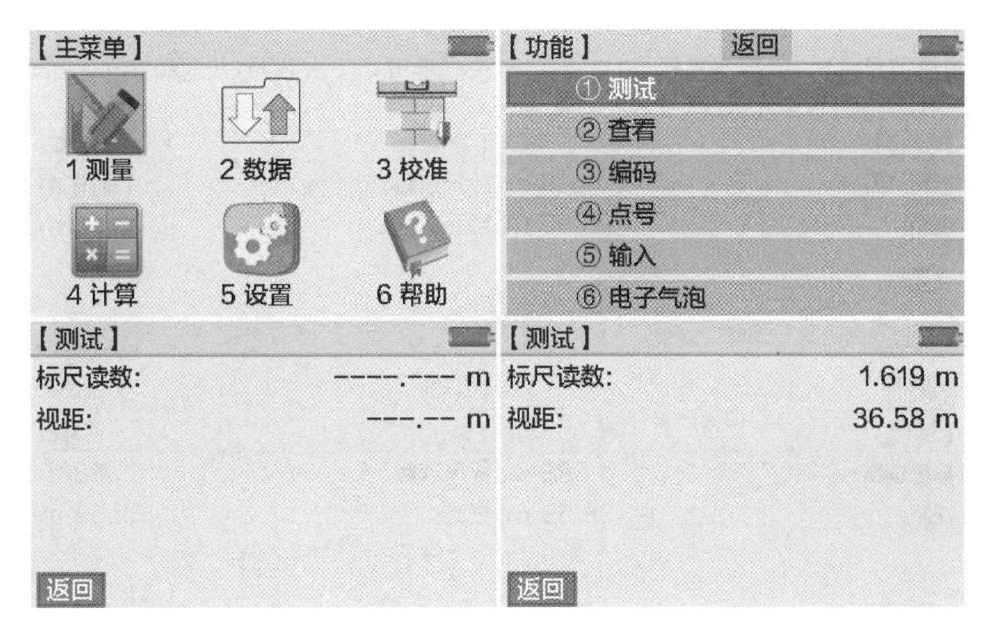

图 3-3 “测试”命令操作

③ 设置重复观测次数。在测试观测界面，按 MODE 键进入测量模式界面，按 ▶ 或 ◀ 键，在“单次”“平均”之间切换。其中，平均的缺省设置为 3 次，点击 确定 按钮完成设置，如图 3-4 所示。

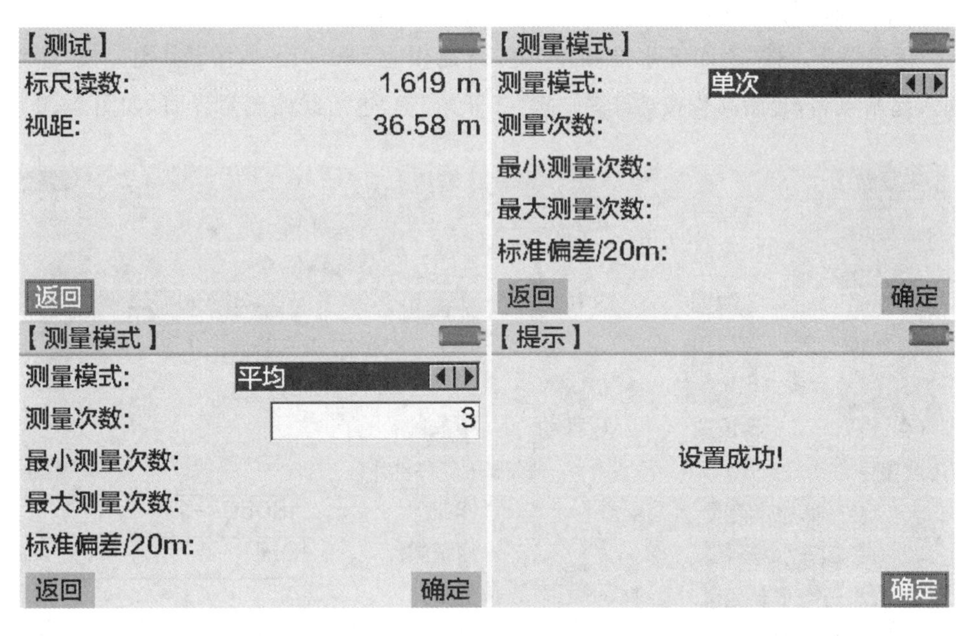

图 3-4 观测次数设置

④ 观测并手动记录第一站观测数据。四等水准测量每站观测顺序为后—后—前—前，即观测后尺两次、观测前尺两次，如图 3-5 所示。

观测后尺两次：瞄准后视标尺，物镜调焦，按 MEAS 键第 1 次观测，按 MEAS 键第 2 次观测。

观测前尺两次：瞄准前视标尺，物镜调焦，按 MEAS 键第 1 次观测，按 MEAS 键第 2 次观测。

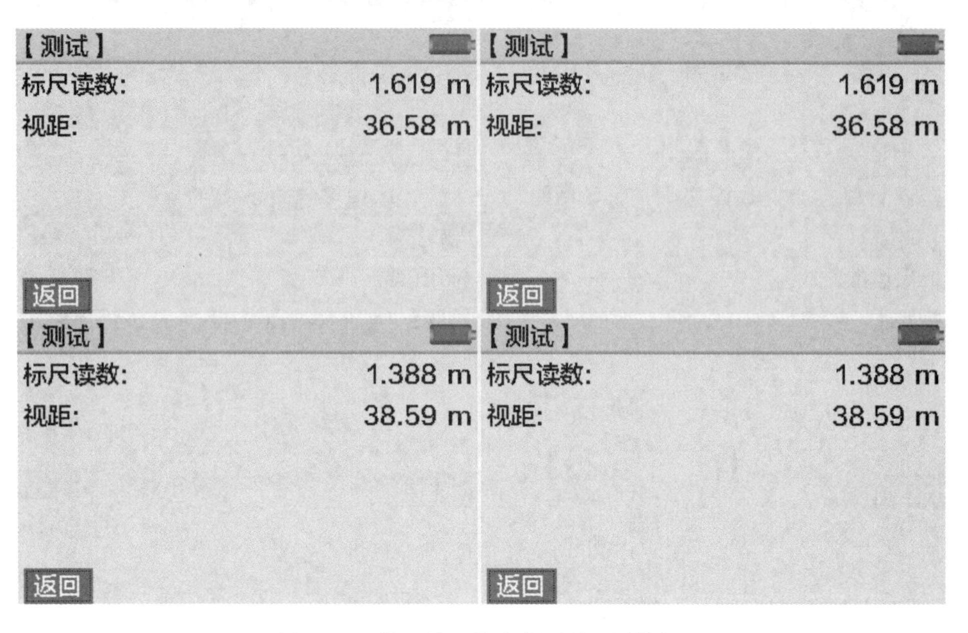

图 3-5　第一站四等水准测量观测数据

(3)四等水准测量

主菜单界面，先按“①测量”键，再按“③线路测量”键。

① 新建作业。按“④四等水准测量”键，新建作业 180507-1 按 ↵ 键。按“②线路”键，输入起始点名，起始高程按 ↵ 键。按“③开始”键，进入线路测量界面，如图 3-6 所示。

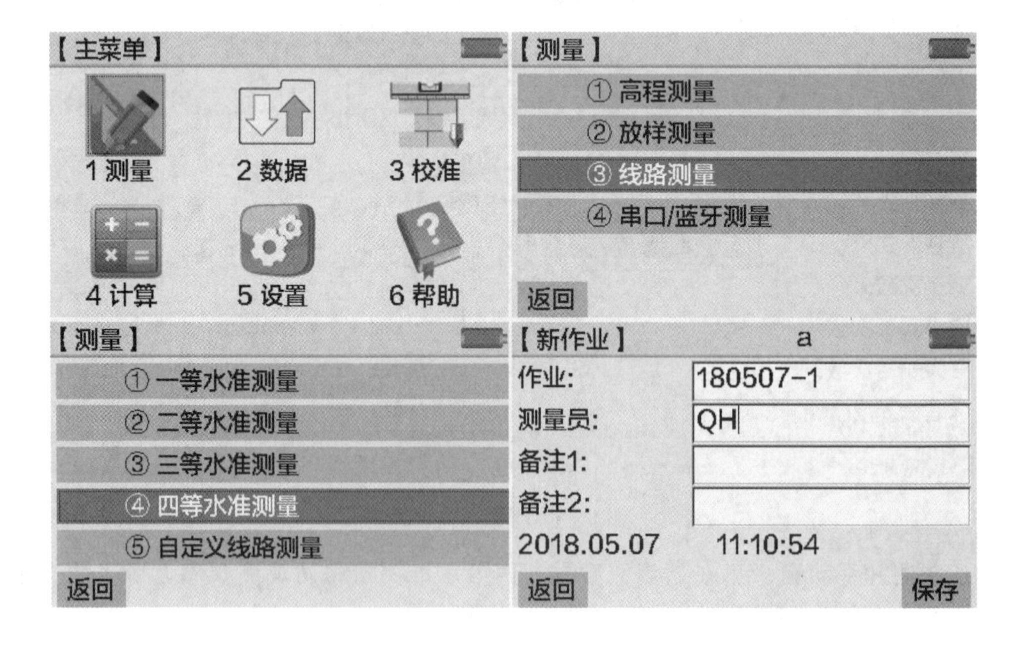

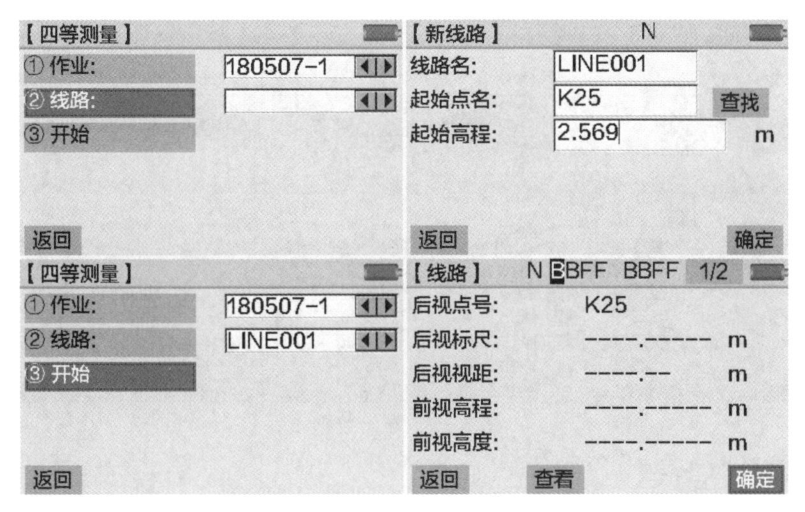

图 3-6　四等水准测量新建作业

② 观测第一站。四等水准路线每站观测顺序为后后前前(BBFF),如图 3-7 所示。

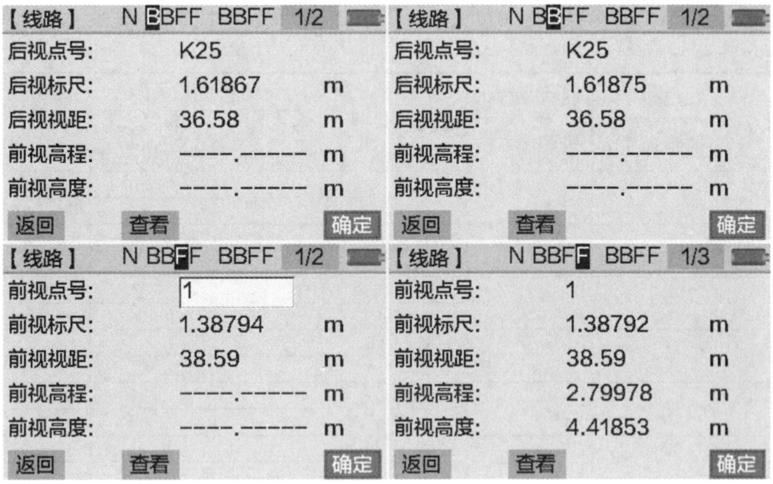

【线路】 N BBFF BBFF 1/2
后视点号: K25
后视标尺: 1.61867 m
后视视距: 36.58 m
前视高程: ----.----- m
前视高度: ----.----- m
返回 查看 确定

【线路】 N BBFF BBFF 1/2
后视点号: K25
后视标尺: 1.61875 m
后视视距: 36.58 m
前视高程: ----.----- m
前视高度: ----.----- m
返回 查看 确定

【线路】 N BBFF BBFF 1/2
前视点号: 1
前视标尺: 1.38794 m
前视视距: 38.59 m
前视高程: ----.----- m
前视高度: ----.----- m
返回 查看 确定

【线路】 N BBFF BBFF 1/3
前视点号: 1
前视标尺: 1.38792 m
前视视距: 38.59 m
前视高程: 2.79978 m
前视高度: 4.41853 m
返回 查看 确定

图 3-7　四等水准测量观测顺序

完成一站观测后会提示“保存本站信息?”,按↵键或点击 确定 按钮为保存,如图 3-8 所示。

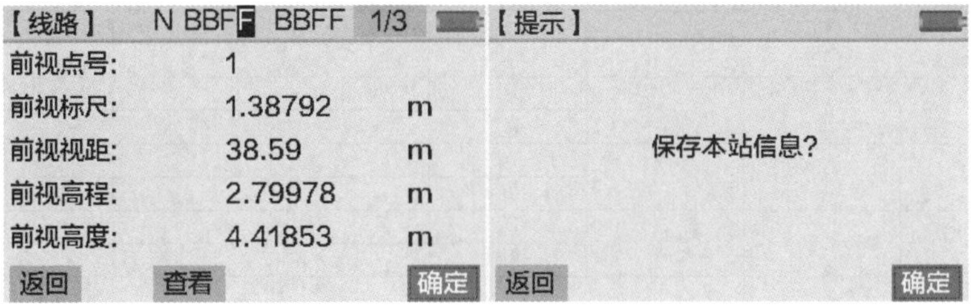

【线路】 N BBFF BBFF 1/3
前视点号: 1
前视标尺: 1.38792 m
前视视距: 38.59 m
前视高程: 2.79978 m
前视高度: 4.41853 m
返回 查看 确定

【提示】
保存本站信息?
返回 确定

图 3-8　一站观测完成

③ 输出线路观测数据到 U 盘文件。完成水准路线测量后插入 FAT32 格式 U 盘到仪器 U 盘接口,在观测界面多次按键返回主菜单按“2 数据”键,再按“③数据导出”键,最后再

按“②导出线路”键，如图 3-9 所示。

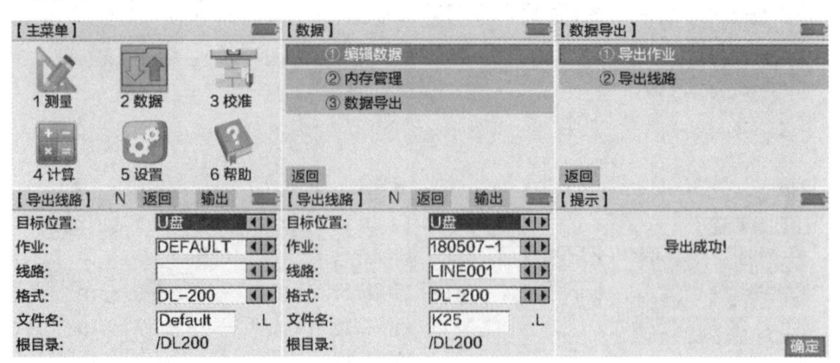

图 3-9　导出数据

4. 记录表格

四等水准测量记录表见表 3-4 所列，高程误差配赋表见表 3-5 所列。

表 3-4　四等水准测量记录表

日期：__________　天气：__________　仪器：__________　地点：__________

组别：__________　观测者：__________　记录者：__________

测站编号	测点号	后视距/m	前视距/m	方向及尺号	标尺读数		两次读数之差/mm	备注
		视距差/m	累积差/m		第一次读数/m	第二次读数/m		
				后				高差总数奇进偶舍，取 5 位
				前				
				后—前				
				h				
				后				
				前				
				后—前				
				h				
				后				
				前				
				后—前				
				h				
				后				
				前				
				后—前				
				h				
				后				
				前				
				后—前				
				h				
				后				
				前				
				后—前				
				h				
				后				
				前				
				后—前				
				h				
				后				
				前				
				后—前				
				h				

表 3-5　高程误差配赋表

日期：__________　天气：__________　仪器：__________　地点：__________

组别：__________　观测者：__________　记录者：__________

点名	距离 /m	观测高差 /m	改正数 /m	改正后高差 /m	高程 /m
A1					
A2					
A3					
A4					
A1					
$\sum$					
$f_h=$					
$f_{h容}=$					

第五节　四等水准测量

1. 实验目的

学习用双面水准尺进行四等水准测量的观测、记录和计算；掌握四等水准测量的主要技术指标，测站与水准路线的检核方法。

2. 仪器设备

DS_3 型微倾式水准仪、双面水准尺、尺垫和记录板等。

3. 实验步骤

(1)选择一条闭合水准路线，按以下顺序逐站观测：

① 后视黑面尺，读取下、上视距丝读数，记入四等水准测量记录表(表 3-6)的(1)、(2)中；精平，读取中丝读数，记入表 3-6 的(3)中。

② 后视红面尺，读取中丝读数，记入表 3-6 的(8)的。

③ 前视黑面尺，读取下、上视距丝读数，记入表 3-6 的(4)、(5)中；精平，读取中丝读数，记入表 3-6 的(6)中。

④ 前视红面尺，读取中丝读数，记入表 3-6 的(7)中。

这种观测顺序简称为后黑(三丝)—后红(中丝)—前黑(三丝)—前红(中丝)。观测完后，应立即进行各项计算和检核计算。

(2)作业要求如下：

① 视距小于等于 80m。

② 红、黑面读数差与双面尺常数差小于等于 3 mm。

③ 红、黑面高差之差小于等于 5 mm。

④ 每站前、后视距差小于等于 5 m。

⑤ 各站前、后视距累积差小于等于 10 m。

⑥ 每站应完成各项检核计算，全部合格后方可迁站。

(3)依次设站，按照同样方法施测其他各点。

(4) 全路线施测完后计算：

① $L=\sum(9)+\sum(10)$。

② $\sum(9)-\sum(10)=$末站(12)。

③ 测站为奇数时，$\frac{1}{2}[\sum(15)+\sum(16)\pm0.100]=\sum(18)$；测站为偶数时，$\frac{1}{2}[\sum(15)+\sum(16)]=\sum(18)$。

④ 路线闭合差应符合限差要求。

⑤ 在高程误差配赋表中计算待定点的高程。

4. 注意事项

(1)每站观测结束应即时计算、检核，若有超限情况则重测该站。

(2)注意区分上、下视距丝读数、中丝读数，并记入相应栏内。

5. 记录表格

四等水准测量记录表见表 3-6 所列，高程误差配赋表见表 3-7 所列。

表 3-6 四等水准测量记录表

日期：________ 天气：________ 仪器：________ 地点：________

组别：________ 观测者：________ 记录者：________

测站编号	点号	后尺 下丝 上丝 后视距 视距差 d	前尺 下丝 上丝 前视距 累积差 $\sum d$	方向及尺号	标尺读数		黑 + k 减红 /mm	平均高差 / m	备注
					黑面	红面			
		(1)	(4)	后	(3)	(8)	(14)	(18)	
		(2)	(5)	前	(6)	(7)	(13)		
		(9)	(10)	后 — 前	(15)	(16)	(17)		
		(11)	(12)						
				后					
				前					
				后 — 前					
				后					K 为常数：4.687 或 4.787
				前					
				后 — 前					
				后					
				前					
				后 — 前					
				后					
				前					
				后 — 前					

（续表）

测站编号	点号	后尺 下丝 / 上丝 后视距 视距差 d	前尺 下丝 / 上丝 前视距 累积差 $\sum d$	方向及尺号	标尺读数		黑 + k 减红 /mm	平均高差 /m	备注
					黑面	红面			
				后					K 为常数：4.687 或 4.787
				前					
				后 — 前					

检核

$\sum(9) =$

$-)\sum(10) =$

$=$

$=$ 末站(12)

视距总和 $= \sum(9) + \sum(10)$

$\sum(3) + \sum(8) =$

$-)\sum(6) + \sum(7) =$

$=$

$\sum(15) + \sum(16) =$

$2\sum(18) =$

表 3－7　高程误差配赋表

日期：________　天气：________　仪器：________　地点：________

组别：________　观测者：________　记录者：________

点　名	距离（或站数）	平均高差/m		改正数/mm	改正后高差/m	高程/m
		+	—			
验算						$f_h =$ $f_{h容} =$

第六节　微倾式水准仪的检验与校正

1. 实验目的

认识水准仪各轴线应满足的几何条件；掌握微倾式水准仪的检验与校正方法。

2. 仪器设备

DS_3 型微倾式水准仪、校正针、水准尺、30m 皮尺和尺垫等。

3. 实验步骤

(1)一般性检验

安置仪器后，检查三脚架是否牢固，制动螺旋、微倾螺旋、对光螺旋、脚螺旋等是否有效，望远镜成像是否清晰等。

(2)圆水准器轴平行于仪器竖轴的检验与校正

检验：转动脚螺旋使圆水准气泡居中，将仪器旋转 180°后，若气泡仍然居中，则说明圆水准器轴平行于仪器竖轴，否则需要校正。

校正：用螺丝刀先稍旋松圆水准器底部中央的固定螺旋，再用校正针拨动圆水准器底部的 3 个校正螺丝，使气泡返回偏离量的一半，然后转动脚螺旋使气泡居中，如此反复检校，直到圆水准器转到任何位置时气泡都在分划圈内，最后拧紧固定螺旋。

(3)十字丝横丝垂直于仪器竖轴的检验与校正

检验：用十字丝横丝一端瞄准一个明显的固定点状目标，转动微动螺旋，若目标点始终不离开横丝，说明此条件满足，否则需校正。

校正：旋下十字丝分划板护罩，用螺丝刀旋松分划板的三个固定螺丝，转动分划板座，使目标点与横丝重合。反复检验与校正，直到条件满足。最后将固定螺丝旋紧，并旋上护罩。

(4)视准轴平行于水准管轴的检验与校正

在平坦地面上(高差小于 2 m)选择相距 80～100 m 的 A、B 两点，要求两点稳定，高程不会变化。在两点上立水准尺，在距两点等距的中间架设水准仪，用两次仪器高的方法准确测量出两点间的高差，误差不大于 3 mm 时，取其平均值作为最后的正确高差，应用公式 $h_1=a_1-b_1$ 计算高差。

再安置仪器于点 A 附近 3 m，读取 A、B 两点的水准尺读数 a_2、b_2，应用公式 $h_2=a_2-b_2$ 计算高差。若 $h_2=h_1$，则说明水准管轴平行于视准轴；若 h_2 与 h_1 不相等，应计算 i 角，当 $i>20''$ 时需校正。i 角的计算公式为

$$\Delta h=h_1-h_2 \tag{3-3}$$

$$i=\frac{\Delta h}{S_{AB}}\rho \tag{3-4}$$

式中，ρ——弧度，$\rho=206265''$；

S_{AB}——A、B 两点间的距离。

校正：转动微倾螺旋，使十字丝的中横丝对准点 B，尺上读数由 h_1 移到 h_2，这时水准管气泡必然不居中，用校正针拨动水准管一端的上、下两个校正螺丝，使气泡居中。拧紧上下

两个校正螺丝前，先稍微旋松左、右两个校正螺丝，校正完毕再旋紧。反复检校，直到 i 角误差小于 20″。

4. 注意事项

(1)拨水准管校正螺丝时，要先松后紧，松紧适当。

(2)校正应在教师指导下进行，不得随意拨动仪器的各个螺丝。

(3)校正水准仪圆水准气泡时，三个校正螺旋最后要同时紧固，不能使圆水准管活动，防止在使用一段时间后再发生偏移。同理校正管水准器时，也要求上下两个校正螺丝相对紧固，不能在使用一段时间后发生偏移。

5. 记录表格

水准仪的检验与校正记录表见表 3-8 所列。

表 3-8 水准仪的检验与校正记录表

日期：________ 天气：________ 仪器：________ 地点：________

组别：________ 观测者：________ 记录者：________

<table>
<tr><td></td><td colspan="5">检验过程与结果</td><td colspan="5">校正过程与结果</td></tr>
<tr><td rowspan="3">圆水准器的检验</td><td colspan="5">圆水准器居中</td><td colspan="5">圆水准器居中</td></tr>
<tr><td rowspan="2">转动 180°后的结果</td><td colspan="3">偏移不出圆圈</td><td></td><td rowspan="2">校正后转动 180°后的结果</td><td colspan="3">偏移</td><td></td></tr>
<tr><td colspan="3">偏移出圆圈</td><td></td><td colspan="3">不偏移</td><td></td></tr>
<tr><td rowspan="2">十字丝分划板的检验</td><td>描点法</td><td>正常</td><td></td><td>偏斜</td><td></td><td>描点法</td><td>正常</td><td></td><td>偏斜</td><td></td></tr>
<tr><td>挂垂球法</td><td>正常</td><td></td><td>偏斜</td><td></td><td>挂垂球法</td><td>正常</td><td></td><td>偏斜</td><td></td></tr>
<tr><td rowspan="6">i 角的检验</td><td>a_1</td><td colspan="2">b_1</td><td colspan="2">$h_1=a_1-b_1$</td><td>a_1</td><td colspan="2">b_1</td><td colspan="2">$h_1=a_1-b_1$</td></tr>
<tr><td></td><td colspan="2"></td><td colspan="2"></td><td></td><td colspan="2"></td><td colspan="2"></td></tr>
<tr><td>a_2</td><td colspan="2">b_2</td><td colspan="2">$h_2=a_2-b_2$</td><td>a_2</td><td colspan="2">b_2</td><td colspan="2">$h_2=a_2-b_2$</td></tr>
<tr><td colspan="3">$\Delta h=h_1-h_2$</td><td colspan="2">$i=\frac{\Delta h}{S_{AB}}\rho$</td><td colspan="3">$\Delta h=h_1-h_2$</td><td colspan="2">$i=\frac{\Delta h}{S_{AB}}\rho$</td></tr>
<tr><td colspan="3"></td><td colspan="2"></td><td colspan="3"></td><td colspan="2"></td></tr>
</table>

第七节　经纬仪的认识与使用

1. 实验目的

了解 DJ_6 光学经纬仪的基本构造及主要部件的名称与作用；初步掌握经纬仪的对中、整平、瞄准与读数方法。

2. 仪器设备

DJ_6 光学经纬仪、记录板和花杆等。

3. 实验步骤

（1）安置经纬仪，熟悉仪器各部件的名称和作用。

（2）经纬仪的操作

① 对中：挂上垂球，平移三脚架，使垂球尖大致对准测站点，并注意架头水平，高度适中，踩实三脚架脚尖。稍松连接螺旋，在架头上平移仪器，使垂球尖精确对准测站点，再旋紧连接螺旋。

② 整平：旋转照准部，使水准管平行于任意一对脚螺旋，两手同时向内或向外旋转这两只脚螺旋，使水准管气泡居中，旋转照准部 90°，再旋转第三只脚螺旋，使气泡居中。如此反复调试，直至照准部转到任意位置时水准管气泡偏移均不超过一格。对中整平应反复进行，直到仪器在任何位置气泡都居中且对中。

③ 瞄准：松开照准部和望远镜的制动螺旋，调节望远镜目镜使十字丝清晰。转动照准部，用望远镜粗瞄器对准目标，拧紧照准部制动螺旋和望远镜制动螺旋。调节望远镜物镜调焦螺旋，使目标清晰，并消除视差。

④ 读数：在精确照准目标后，翻开读数照明反光镜，调节读数显微镜调焦螺旋，使度盘和分划尺的刻划数字清晰，然后读取度盘读数。

4. 注意事项

（1）选择地面测点时，测点直径要很小，不得超过 3 mm，最好画上十字。

（2）垂球对中时，应该有一名同学在下面扶稳后松开手对中，不能使垂球摇摆。

（3）瞄准目标时，尽可能瞄准目标底部，目标较粗，用双丝夹住，目标较细，用单丝平分。

（4）读水平角数值时，要分清竖盘读数和水平盘读数。鉴别方法为水平转动照准部，如果读数变化则为水平度盘读数窗，反之为竖直度盘读数窗。

5. 记录表格

经纬仪认识与使用记录表见表 3－9 所列。

表 3－9　经纬仪认识与使用记录表

日期：________　天气：________　仪器：________　地点：________

组别：________　观测者：________　记录者：________

测站	目标	水平度盘读数/ °　′　″	水平角/ °　′　″	备注

（续表）

测站	目标	水平度盘读数/ ° ′ ″	水平角/ ° ′ ″	备注

第八节　电子经纬仪的认识与使用

1. 实验目的

了解电子经纬仪的基本构造及主要部件的名称与作用；掌握电子经纬仪对中、整平、瞄准与读数的方法；熟练掌握水平角和竖直角的观测方法。

2. 仪器设备

电子经纬仪、三脚架、记录板和花杆等。

3. 实验步骤

(1)仪器对中和整平

在地面上选择坚固平坦的区域，用记号笔在地面上画“十”字，以十字线交点作为测站中心点。

① 光学对中器对中。

粗对中：先将三脚架安置在测站点，三脚架头面大致水平。双手紧握三脚架，眼睛观察光学对中器，调整目镜调焦螺旋使十字丝清晰可见，再调整物镜调焦螺旋使对中标志清晰可见，移动三脚架使对中标志基本对准测站点的中心，将三脚架的脚尖踩实。

精对中：旋转脚螺旋使对中标志准确对准测站点的中心，光学对中误差要求小于

1 mm。

粗平：伸缩三脚架使圆水准器气泡居中。

精平：转动照准部，使管水准器与任意两个脚螺旋的连线平行，两手以相反方向同时旋转两个脚螺旋，使水准管气泡居中(气泡移动方向与左手大拇指移动方向一致)。再将照准部旋转90°，调节第三个脚螺旋使水准管气泡居中。反复进行以上操作，至气泡在任何方向均居中。

再次精对中：放松连接螺旋，眼睛观察光学对中器，平移仪器支座(注意不要有旋转运动)，使对中标志准确对准测站点标志，拧紧连接螺旋。旋转照准部，在相互垂直的两个方向检查照准部管水准器泡的居中情况。如果仍然居中，则仪器安置完成，否则应从上述的精平开始重复进行操作。

② 激光对中器对中。

将仪器置于三脚架上，打开激光下对点，微松三脚架中心固定螺丝并平稳移动仪器，使激光点对准测站点，然后拧紧三脚架中心固定螺丝。

再次精确整平仪器，重复上述步骤，直至仪器精确整平时，对中器激光点与测站点精确重合。

(2)瞄准

松开照准部和望远镜的制动螺旋，用瞄准器粗略瞄准目标，拧紧制动螺旋。调节目镜对光螺旋，看清十字丝，再转动物镜对光螺旋，使目标影像清晰，转动水平微动和竖直微动螺旋，用十字丝精确瞄准目标，并消除视差。

(3)开机

①确认仪器已经对中整平；②按红色“开关”键开机；③缓慢转动仪器望远镜一周，若听到“嘀”的一声响表示仪器初始化成功，可以正常使用。

(4)关机

按住红色“开关”键约 2 秒，松开按键关机。

(5)角度测量

水平角和垂直角：①开机后自动进入角度测量模式(如在其他界面，按“测角”键进入)，照准第一个目标 A；②按“置零”键，设置目标 A 的水平角读数为：$0°00'00''$；③照准第二个目标 B，显示目标 A 与目标 B 的水平夹角和目标 A 与 B 的垂直角。

水平角(左角/右角)切换：①开机后自动进入角度测量模式(如在其他界面，按“测角”进入)；②按“左右”键，将右角模式(水平右)切换到左角模式(水平左)。

水平角的设置：①开机后自动进入角度测量模式(如在其他界面，按“测角”键进入)；②用水平微动螺旋转到所需要的水平角角度值，按“锁定”键；③照准需要设置读数的方向；④按“确定”键，将当前方向置为锁定状态时所显示的角度。显示返回到正常角度测量模式。

4. 注意事项

(1)观测前应先进行有关初始设置。

(2)光学对中误差应小于 1 mm，整平误差应小于 1 格，同一角度各测回互差应小于 24″。

(3)装卸电池时必须关闭电源开关。

(4)迁站时应关机。

5. **记录表格**

电子经纬仪的认识与使用记录表见表 3 - 10 所列。

表 3 - 10　电子经纬仪的认识与使用记录表

日期：__________　天气：__________　仪器：__________　地点：__________

组别：__________　观测者：__________　记录者：__________

测站	竖盘位置	目标	水平度盘读数/° ′ ″	水平角/° ′ ″	垂直角/° ′ ″
		A			
		B			
		A			
		B			
		A			
		B			
		A			
		B			

第九节　测回法观测水平角

1. **实验目的**

掌握经纬仪的安置（对中、整平）及读数方法；熟悉测回法观测水平角的观测和计算方法。

2. **仪器设备**

DJ_6 光学经纬仪、花杆和记录板等。

3. **实验步骤**

（1）首先由指导老师结合具体仪器对仪器的构造及各部件间的相互联系做进一步介绍，然后示范用测回法进行水平角测量的施测步骤及施测要点。

（2）在指定点上安置经纬仪，选择两个明显的固定点作为观测目标或用花杆定两个目标。

（3）观测程序如下：

① 安置好仪器后，将经纬仪竖盘放置在观测者左侧（称为盘左位置或正镜）。转动照准部，先精确瞄准左目标，制动仪器；调节目镜和望远镜调焦螺旋，使十字丝和目标成像清晰，消除视差；读取水平度盘读数，记入（估读至 0.1′的可换算为秒数）手簿相应栏。松开制动螺旋，顺时针旋转照准部，精确照准右目标，读取水平度盘读数，记入手簿相应栏，称为上半测回。

② 松开制动螺旋，纵转望远镜，使竖盘位于观测者右侧（称为盘右位置或倒镜），先瞄准右目标，读取水平度盘读数；再逆时针旋转照准部照准左目标，读取水平度盘读数，记入

手簿，称为下半测回。

③ 测完第一测回后，应检查水准管气泡是否偏离；若气泡偏离值小于 1 格，则可测第二测回。第二测回开始前，要设置始读数略大于 90°00′00″，再重复第一测回的各步骤。

4. 注意事项

(1)完成半个测回后，不能重新归零。

(2)若观测过程中，发现水准管气泡偏移，当气泡在两个格子内，可以继续操作；如偏移两个格以上，则应整平对中后重新观测。

(3)测回法只适用于三个以下方向的情况，超出三个方向时应采用方向观测法。

(4)观测过程中，如发现度盘数字不变时，应检查度盘变换手轮是否弹起或者检查连接螺旋是否松动。

5. 记录表格

测回法观测水平角记录表见表 3－11 所列。

表 3－11　测回法观测水平角记录表

日期：＿＿＿＿＿＿　天气：＿＿＿＿＿＿　仪器：＿＿＿＿＿＿　地点：＿＿＿＿＿＿

组别：＿＿＿＿＿＿　观测者：＿＿＿＿＿＿　记录者：＿＿＿＿＿＿

<table>
<tr><th>测站</th><th>竖盘位置</th><th>目标</th><th>水平度盘读数/
° ′ ″</th><th>半测回角值/
° ′ ″</th><th>一测回角值/
° ′ ″</th><th>各测回平均角值/
° ′ ″</th><th>备注</th></tr>
<tr><td rowspan="4"></td><td rowspan="2"></td><td></td><td></td><td rowspan="2"></td><td rowspan="4"></td><td rowspan="8"></td><td rowspan="8"></td></tr>
<tr><td></td><td></td></tr>
<tr><td rowspan="2"></td><td></td><td></td><td rowspan="2"></td></tr>
<tr><td></td><td></td></tr>
<tr><td rowspan="4"></td><td rowspan="2"></td><td></td><td></td><td rowspan="2"></td><td rowspan="4"></td></tr>
<tr><td></td><td></td></tr>
<tr><td rowspan="2"></td><td></td><td></td><td rowspan="2"></td></tr>
<tr><td></td><td></td></tr>
<tr><td rowspan="4"></td><td rowspan="2"></td><td></td><td></td><td rowspan="2"></td><td rowspan="4"></td><td rowspan="8"></td><td rowspan="8"></td></tr>
<tr><td></td><td></td></tr>
<tr><td rowspan="2"></td><td></td><td></td><td rowspan="2"></td></tr>
<tr><td></td><td></td></tr>
<tr><td rowspan="4"></td><td rowspan="2"></td><td></td><td></td><td rowspan="2"></td><td rowspan="4"></td></tr>
<tr><td></td><td></td></tr>
<tr><td rowspan="2"></td><td></td><td></td><td rowspan="2"></td></tr>
<tr><td></td><td></td></tr>
</table>

第十节　方向观测法观测水平角

1. 实验目的

掌握经纬仪的安置(对中、整平)及读数技能;熟悉使用方向观测法观测水平角的记录和计算方法。

2. 仪器设备

DJ_6 光学经纬仪和花杆等。

3. 实验步骤

(1)如图 3 - 10 所示,在点 O 安置经纬仪,选取任意方向作为起始零方向(如图中 A 方向)。

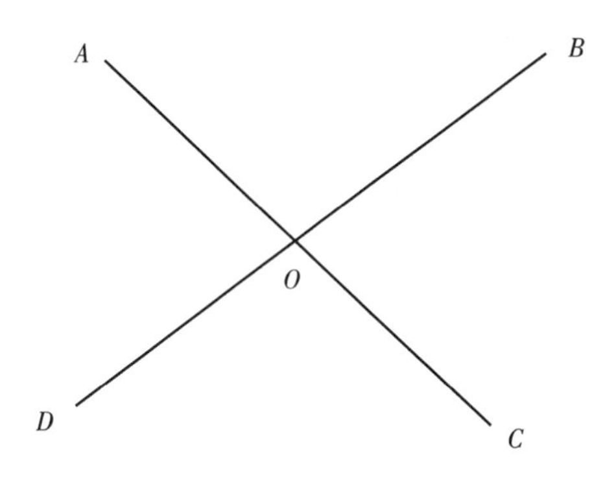

图 3 - 10　方向观测法观测水平角

(2)盘左位置照准 A 方向,拨动度盘转换手轮,将 A 方向的水平度盘读数设置为 00°00′00″左右,并记入手簿;然后顺时针转动照准部,依次瞄准 B、C、D、A 点,读取数据并记入手簿。A 点两次读数之差称为上半测回归零差,其值应小于 24″。

(3)倒转望远镜,盘右观测。从 A 点开始,逆时针依次瞄准 D、C、B、A 点,读取数据并记入手簿。A 点两次读数之差称为下半测回归零差,其值也应小于 24″。

(4)根据观测结果计算 $2C$ 值和各方向平均读数,再计算归零后的方向值。

(5)要求与限差

① 在指定测站上,用全圆方向法测定不少于四个方向的水平角,用中丝法测定 2～3 个目标的竖直角,每人分别完成一个测回的水平角和竖直角的观测,记录计算工作,并取得合格的观测成果。

② 水平角观测各测回之间,要按180°/n(n 为测回总数)配置度盘起始方向读数。半测回归零差应小于等于±18″;同一测回中上、下半测回同一方向归零后的方向值之差应小于等于30″;各测回中同一归零方向值之差应小于等于24″。

4. 注意事项

(1)应选择远近适中,易于瞄准的清晰目标作为起始方向。

(2)如果方向数少于 3 个,则可以不归零。

(3)记录时,注意盘左 A、B、C、D、A 点,盘右 A、D、C、B、A 点的顺序。

5. **记录表格**

方向观测法观测水平角记录表见表 3－12 所列。

表 3－12　方向观测法观测水平角记录表

日期：__________　天气：__________　仪器：__________　地点：__________

组别：__________　观测者：__________　记录者：__________

测站	测回	目标	读数		2C值/″	平均方向值/° ′ ″	归零方向值/° ′ ″	各测回平均方向值/° ′ ″	水平角值/° ′ ″
			盘左/° ′ ″	盘右/° ′ ″					
		A							
		B							
	1	C							
		D							
		A							
		A							
		B							
	2	C							
		D							
		A							
		A							
		B							
	3	C							
		D							
		A							

注：$2C$ 值计算方法为 $2C$＝盘左读数－(盘右读数±180°)。

第十一节　竖直角观测

1. **实验目的**

加深对竖直角测量原理的理解；掌握竖直角观测、记录及指标差和竖直角的计算方法。

2. **仪器设备**

DJ_6 光学经纬仪和花杆等。

3. **实验步骤**

(1)在测站上安置仪器，对中、整平。

(2)盘左位置用十字丝的中横丝切准目标，转动竖盘指标水准管的微倾螺旋，使竖盘指标水准管气泡居中，读取竖盘读数，记入手簿。

(3)盘右瞄准目标，使竖盘气泡居中，读数记入手簿。

(4)计算竖直角平均值。

$$\alpha=\frac{1}{2}(\alpha_L+\alpha_R) \tag{3-5}$$

计算指标差

$$x=\frac{1}{2}(L+R-360°) \tag{3-6}$$

式中，α_L——上半测回角值；

α_R——下半测回角值；

L——盘左度盘读数；

R——盘右度盘读数。

(5)要求与限差：竖直角观测同一测回指标差应小于等于24″，同一目标各测回竖角之差应小于等于24″。

4. 注意事项

(1)盘左盘右瞄准目标时，应用十字丝横丝瞄准目标同一位置。

(2)有指标水准管的经纬仪，每次读数前都应该调整使竖盘指标水准管居中。

(3)有竖盘指标补偿装置的经纬仪，每次读数前都应该打开竖盘指标补偿锁，将其置于“ON”位。

(4)计算竖直角和指标差时要注意正、负号。

5. 记录表格

竖直角观测记录表见表 3－13 所列。

表 3－13　竖直角观测记录表

日期：＿＿＿＿＿＿　天气：＿＿＿＿＿＿　仪器：＿＿＿＿＿＿　地点：＿＿＿＿＿＿

组别：＿＿＿＿＿＿　观测者：＿＿＿＿＿＿　记录者：＿＿＿＿＿＿

测站	目标	竖盘位置	竖盘读数/° ′ ″	半测回竖直角/° ′ ″	指标差/° ′ ″	一测回竖直角/° ′ ″	备注
		左					
		右					
		左					
		右					
		左					
		右					
		左					
		右					

第十二节　经纬仪的检验与校正

1. 实验目的

进一步理解经纬仪各主要轴线间应满足的条件；掌握经纬仪检验与校正的基本方法与

技能。

2. **仪器设备**

DJ_6 光学经纬仪，改正针和小改锥等。

3. **实验步骤**

(1)对经纬仪进行一般检视并记录。根据检验要求每组准备标志纸和白纸(8K)各一张。

(2)照准部水准管轴应垂直于竖轴的检验与校正。

(3)十字丝竖丝应垂直于竖轴的检验与校正。

(4)望远镜视准轴应垂直于横轴的检验与校正。

(5)竖盘指针差的检验与校正。

(6)光学对点器的检验。

(7)检校后的仪器应达到以下标准:照准部转到任何位置时气泡都应居中,其偏离不得大于半格;二倍照准差应小于等于40″或盘左盘右投影点的长度应小于等于 0.03S cm(S 为仪器至标志尺间的距离,以米为单位);改正后的指标差应小于等于20″。

4. **记录表格**

经纬仪检验与校正记录表见表 3-14 所列。

表 3-14 经纬仪检验与校正记录表

日期:________ 天气:________ 仪器:________ 地点:________

组别:________ 观测者:________ 记录者:________

一般性检验记录(一)

检验项目	检验结果
三脚架是否牢固	
脚螺旋是否有效	
水平制动与微动螺旋是否有效	
望远镜制动与微动螺旋是否有效	
照准部转动是否灵活	
望远镜转动是否灵活	
望远镜成像是否清晰	

照准部水准管轴垂直于竖轴的检验、校正记录(二)

检验次数	1	2	3	4	5
气泡偏离的格数					

十字丝竖丝垂直于横轴的检验、校正记录(三)

检验次数	误差是否显著
1	
2	

视准轴垂直于横轴的检验、校正记录(四)

目标	盘位	检验、校正的水平度盘读数	
		第一次	第二次
A	L		
	R		
	L_0		

横轴垂直于竖轴的检验记录(五)

仪器至高点目标平距/m	检验序次	第一次	第二次
	高点经正、倒镜投至墙上仪器同高处的点间距 P_1P_2		

第十三节　钢尺量距

1. 实验目的

掌握直线定线方法;熟练应用钢尺在平坦地面上丈量水平距离。

2. 仪器设备

花杆、测钎、50 m 钢尺和记录板等。

3. 实验步骤

(1)在平坦地面上选 A、B 两点(距离大约 200 m),在这两点上各立花杆一根,然后在两点间由远及近定线。

(2)后尺手甲持钢尺的零点在 A 点处,前尺手乙持钢尺末端沿直线方向前进,至一尺段长处停下,甲指挥乙将钢尺拉在 AB 直线上,甲把尺的零端对准起点,甲、乙同时拉紧钢尺,乙将测钎 1 对准钢尺末端刻划垂直插入地面(在坚硬地面处,可用铅笔在地面划线作为标记)。量完第一尺段后,甲、乙举尺前进,同法丈量第二尺段。前尺手同法插一根测钎 2,量距后,后尺手将测钎 1 收起。依次丈量,直到最后量出不足一整尺的余长,乙在 B 点钢尺上读取余长值 q。A、B 两点间的水平距离为

$$D_{往}=nl+q \tag{3-7}$$

(3)从 A 量至 B 为往测。后用同样的方法再从 B 量至 A。

$$D_{返}=nl+q \tag{3-8}$$

式中,n——整尺段数(测钎数);

l——钢尺整尺段长度;

q——余长。

(4)要求与限差:往、返丈量的相对误差 K 应不大于 1/2000,若超限则重测。

4. **注意事项**

量距时，钢尺要拉直、拉平、拉稳，前尺手不得握住尺盒拉紧钢尺。

5. **记录表格**

钢尺量距记录表见表 3－15 所列。

表 3－15 钢尺量距记录表

日期：__________ 天气：__________ 仪器：__________ 地点：__________

组别：__________ 观测者：__________ 记录者：__________

尺段名称	观测次数	整尺段数 n	余尺段 q/m	距离 D/m	平均距离/m	相对精度
	往					
	返					
	往					
	返					
	往					
	返					
	往					
	返					
	往					
	返					
	往					
	返					
	往					
	返					
	往					
	返					

注：距离 D 的计算方法为 $D=nl+q$。

第十四节 全站仪的认识与使用

1. **实验目的**

了解全站仪的构造；熟悉全站仪的操作界面及作用；掌握全站仪的基本使用方法。

2. **仪器设备**

全站仪、棱镜和三脚架等。

3. **实验步骤(以拓普康全站仪为例)**

(1)测量前的准备工作

① 电池的安装步骤(注意:测量前电池需充足电):

a. 把电池盒底部的导块插入装电池的导孔。

b. 按电池盒的顶部直至听到"咔嚓"响声,电池安装完成。

c. 向下按解锁钮,可取出电池。

② 仪器的安置步骤:

a. 在实验场地上选择一点作为测站,另外两点作为观测点。

b. 将全站仪安置于测站点,对中、整平。

c. 在两个观测点分别安置棱镜。

③ 竖直度盘和水平度盘指标的设置:

a. 竖直度盘指标设置:松开竖直度盘制动钮,将望远镜纵转一周(望远镜处于盘左,物镜穿过水平面),竖直度盘指标即已设置。随即可听见一声鸣响,并显示出竖直角。

b. 水平度盘指标设置:松开水平制动螺旋,旋转照准部 360°,水平度盘指标即自动设置。随即可听见一声鸣响,同时显示水平角。至此,竖直度盘和水平度盘指标已设置完毕。注意:每当打开仪器电源时,必须重新设置测量指标。

④ 调焦与照准目标

操作步骤与一般经纬仪相同,注意消除视差。

(2)角度测量

① 从显示屏上确定仪器是否处于角度测量模式,如果不是,则按操作将其转换为测角模式。

② 盘左瞄准左目标 A,按置零键,使水平度盘读数显示为 $0°00'00''$,顺时针旋转照准部,瞄准右目标 B,读取显示读数。

③ 用同样方法可以进行盘右观测。

④ 如果测竖直角,可在读取水平度盘的同时读取竖盘的显示读数。

(3)距离测量

① 从显示屏上确定仪器是否处于距离测量模式,如果不是,则按操作键将其转换为距离模式。

② 照准棱镜中心,这时显示屏上能显示箭头前进的动画,前进结束则完成距离测量,得出距离,HD 为水平距离,VD 为倾斜距离。

(4)坐标测量

① 从显示屏上确定仪器是否处于坐标测量模式,如果不是,则按操作键将其转换为坐标模式。

② 输入本站点 O 点及后视点坐标,以及仪器高、棱镜高。

③ 瞄准棱镜中心,这时显示屏上能显示箭头前进的动画,前进结束则完成坐标测量,得出点的坐标。

4. **注意事项**

(1)从显示屏上确定仪器是否处于坐标测量模式,如果不是,则按操作键将其转换为坐标模式。

(2)近距离将仪器和脚架一起搬动时，应保持仪器竖直向上。

(3)在测量过程中，若拔出插头，则可能丢失数据。拔出插头之前应先关机。换电池前必须关机。

5. 记录表格

全站仪测量记录表见表 3-16 所列。

表 3-16 全站仪测量记录表

日期：________ 天气：________ 仪器：________ 地点：________

组别：________ 观测者：________ 记录者：________

水平角、水平距离测量记录表(一)

<table>
<tr><th>测站</th><th>盘位</th><th>目标</th><th>水平度盘读数/
° ′ ″</th><th>半测回角值/
° ′ ″</th><th>一测回平均值/
° ′ ″</th><th>水平距离/
m</th></tr>
<tr><td rowspan="4"></td><td rowspan="2"></td><td></td><td></td><td rowspan="2"></td><td rowspan="4"></td><td></td></tr>
<tr><td></td><td></td><td></td></tr>
<tr><td rowspan="2"></td><td></td><td></td><td rowspan="2"></td><td></td></tr>
<tr><td></td><td></td><td></td></tr>
</table>

竖直角测量记录表(二)

测站	目标	盘位	竖直度盘读数/ ° ′ ″	半测回竖直角/ ° ′ ″	一测回竖直角/ ° ′ ″	竖盘指标差/ ″

三维坐标测量记录表(三)

<table>
<tr><th>测站
仪高</th><th>后视
点号</th><th>后视方位角/
° ′ ″</th><th>测点号</th><th>X 坐标/
m</th><th>Y 坐标/
m</th><th>镜高/
m</th><th>H 高程/
m</th></tr>
<tr><td rowspan="7"></td><td rowspan="7"></td><td></td><td></td><td></td><td></td><td></td><td></td></tr>
<tr><td></td><td></td><td></td><td></td><td></td><td></td></tr>
<tr><td></td><td></td><td></td><td></td><td></td><td></td></tr>
<tr><td></td><td></td><td></td><td></td><td></td><td></td></tr>
<tr><td></td><td></td><td></td><td></td><td></td><td></td></tr>
<tr><td></td><td></td><td></td><td></td><td></td><td></td></tr>
<tr><td></td><td></td><td></td><td></td><td></td><td></td></tr>
</table>

第十五节　碎部测量

1. 实验目的

掌握选择地形点的要领；熟悉大比例尺地形图的测绘方法（经纬仪测绘法）；练习测绘比例尺为1∶500、等高距为1 m的地形图。

2. 仪器设备

DJ_6 光学经纬仪、绘图板或小平板、视距尺或水准尺、卷尺、垂球、量角器（直径25 cm）、记录板和小三角板等。

3. 实验步骤

（1）安置仪器于测站点 A（或假定）上，量取仪器高，盘左置水平度盘度数为 $0°00'00''$，后视另一控制点 B（或假定）。

（2）在图纸上适当处标定一点为测站点 A，通过点 A 绘一条13 cm长的直线表示后视点 B 的方向线，并用小针将量角器的圆心固定在点 A 上。

（3）按商定路线将视距尺立于选定的各碎部点上，按视距测量方法读取视距、瞄准高、竖盘读数和水平角，并记入手簿。

（4）计算竖直角，并根据视距和竖直角计算水平距离、初算高差和高程。

（5）将测得的碎部点，用量角器依水平角、水平距离按测图比例尺展绘在图纸上，并根据地形进行描绘。

4. 注意事项

（1）读取竖盘读数时，必须使竖盘指标水准管气泡居中。

（2）尺子必须立直，计算高差时要注意正、负号。

5. 记录表格

碎部测量记录表见表3－17所列。

表3－17　碎部测量记录表

日期：__________　班级：__________　小组：__________　记录者：__________

测站：__________　后视点：__________　仪器高 i=__________　测站高程 H=__________

点号	视距/m	瞄准高/m	竖盘读数/° ′ ″	竖直角/° ′ ″	初算高差/m	改正数/m	改正高差/m	水平角/° ′ ″	水平距离/m	高程/m	备注

（续表）

点号	视距/m	瞄准高/m	竖盘读数/° ′ ″	竖直角/° ′ ″	初算高差/m	改正数/m	改正高差/m	水平角/° ′ ″	水平距离/m	高程/m	备注

第十六节　RTK 的认识与使用

1. 实验目的

了解接收机的基本构造；掌握各部件的连接方法；熟悉 RTK 的使用方法。

2. 仪器设备

接收机 1 套、流动站 2 套、HCE320 手簿 2 个、蓄电池 1 个等。

3. 实验步骤(以华测 i90 惯导 RTK 为例)

(1)仪器架设

① 外挂电台基站架设。把一个三脚架架设在已知点或未知点上，然后将基准站接收机安装在三脚架的 30 cm 加长杆上或安装在三脚架的基座上；已知点架站时需要用基座进行对中整平。

基站外挂电台架设示意图如图 3－11 所示：

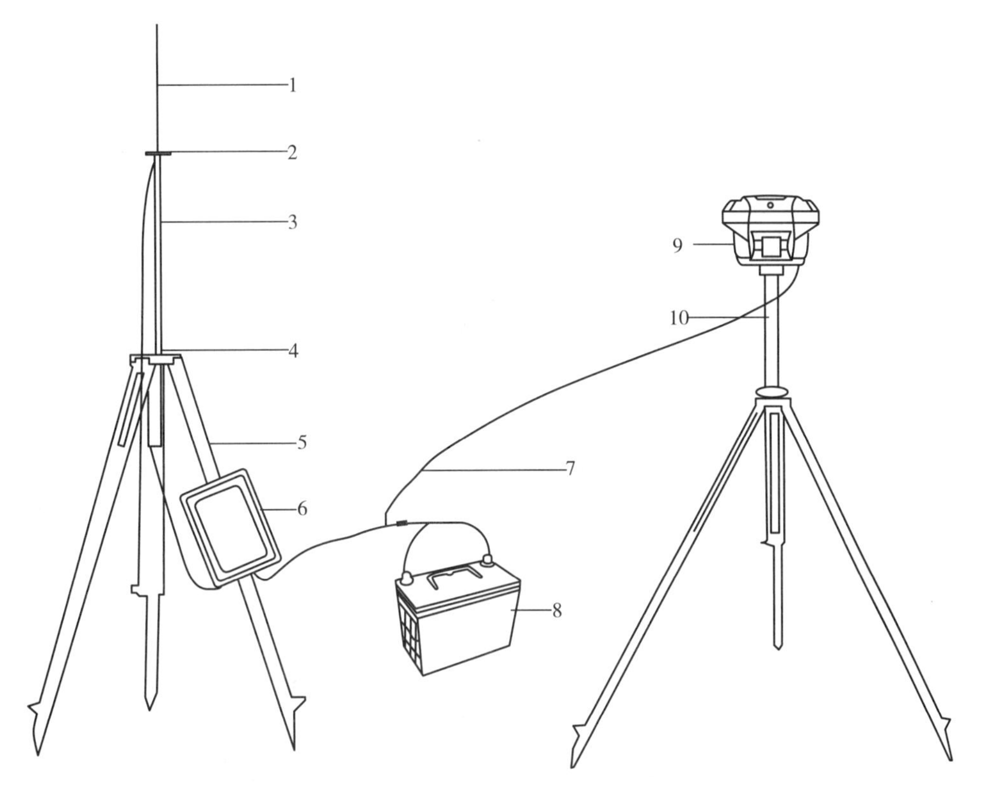

1—鞭状天线；2—电台天线连接座；3—电台天线加长杆；4—铝盘；5—脚架；
6—电台；7—电源线＋数传线＝电台数传一体线；8—蓄电池；9—主机；10—30 cm 加长杆。

图 3－11　基站外挂电台架设示意图

各接口连接示意图如图 3－12 所示：

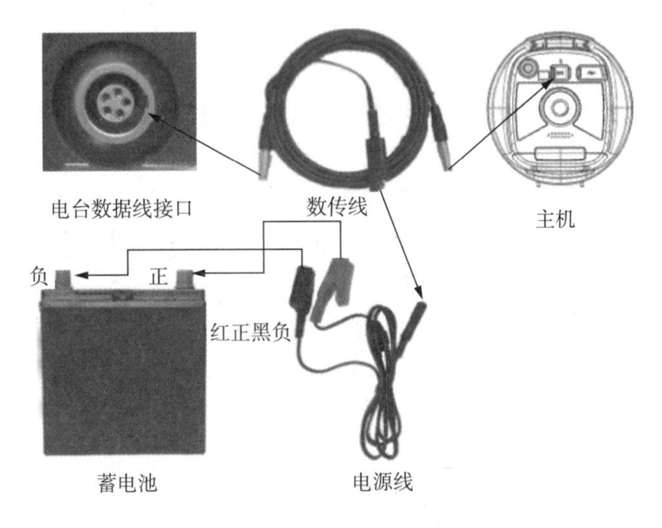

图 3－12　各接口连接示意图

② 基站内置电台及网络基站架设。基站内置电台及网络基站架设示意图如图 3-13 所示：

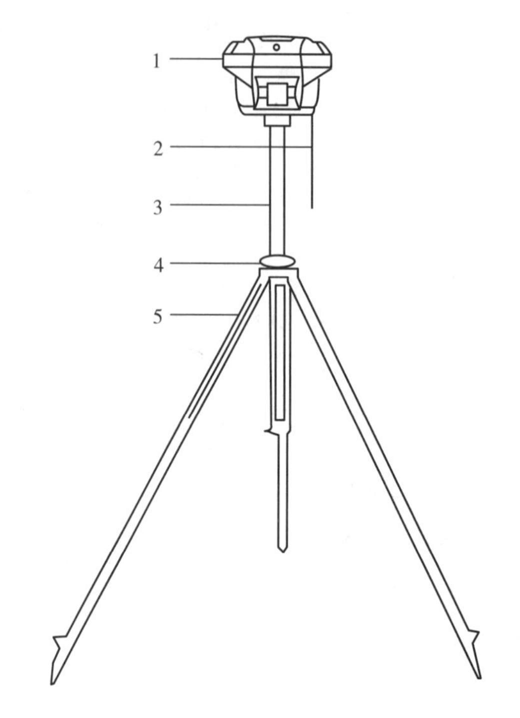

1—主机；2—棒状天线；3—30 cm 加长杆；4—铝盘；5—三脚架。

图 3-13 基站内置电台及网络基站架设示意图

③ 移动站架设。把手簿托架安装在伸缩对中杆上，手簿固定在手簿托架上，接收机固定在伸缩对中杆上。

注意：电台模式需要连接棒状天线，网络模式下不需要。

(2)调试及固定

① 连接仪器。主机开机将手簿背面 NFC 区域贴近接收机 NFC 处，LandStar7 软件会自动打开。当听到“滴”的一声代表手簿已连接上接收机，随后 LandStar7 软件会提示“已成功连接接收机”。

② 新建工程。在“项目”界面依次点击“工程管理”、“新建”，输入工程名、选择坐标系统、选择投影模型，点击向下箭头获取中央子午线经度，最后点击“接受”即可，如图 3-14 所示。

注意：当 Y 坐标在小数点前有 8 位时，例如 39541235.221，“39”为带号，需在东向加常数 500000 前加上带号，如 39500000。

③ 设置基准站和移动站工作模式。根据仪器和配件情况，选择以下一种工作模式进行设置。

a. 外挂电台模式：点击“工作模式”，基站选择“默认：自启动基准站-外挂电台(115200)”，移动站选择“默认：自启动移动站-华测电台”，然后按照提示信息修改电台信道，如图 3-15 所示。

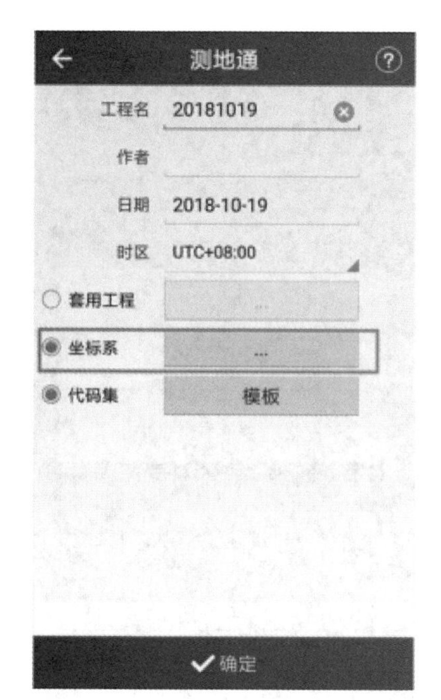

图 3-14　新建工程

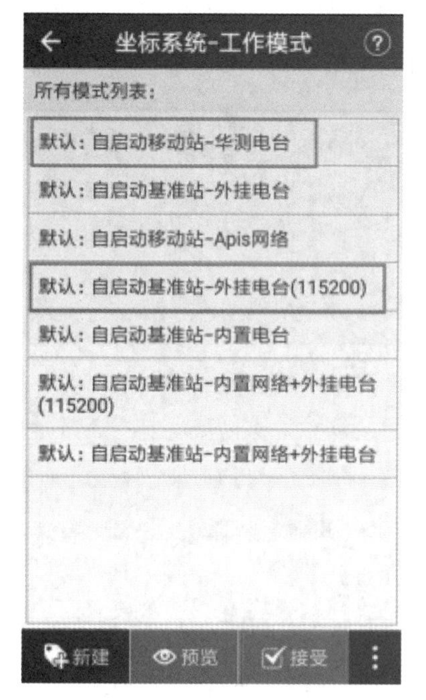

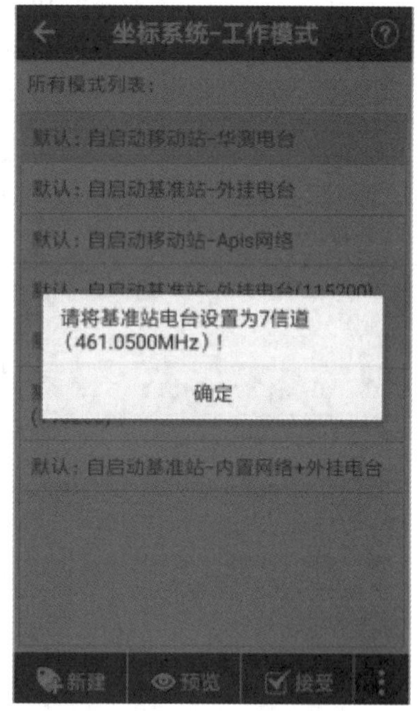

图 3-15　设置外挂电台模式

b. 网络模式:点击“工作模式”,基站选择“默认:自启动基准站-内置网络+外挂电台(115200)”;移动站选择“默认:自启动移动站-Apis网络”,然后按照提示输入基准站的SN号,如图 3-16 所示。

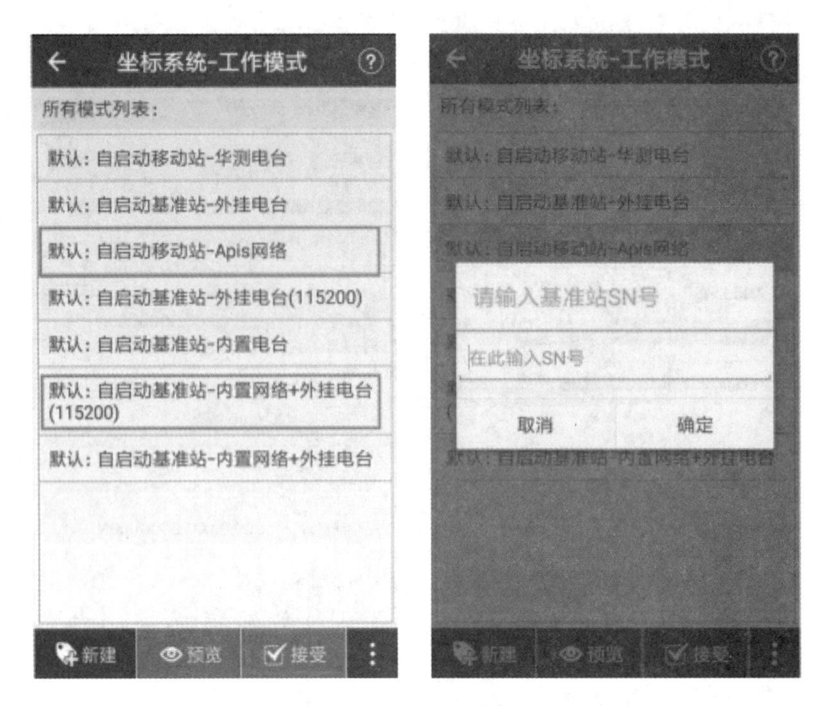

图 3-16　设置网络模式

c. 内置电台模式:点击“工作模式”,基站选择“默认:自启动基准站-内置电台”;移动站选择“默认:自启动移动站-华测电台”,基站和移动站信道保持一致,如图 3-18 所示。

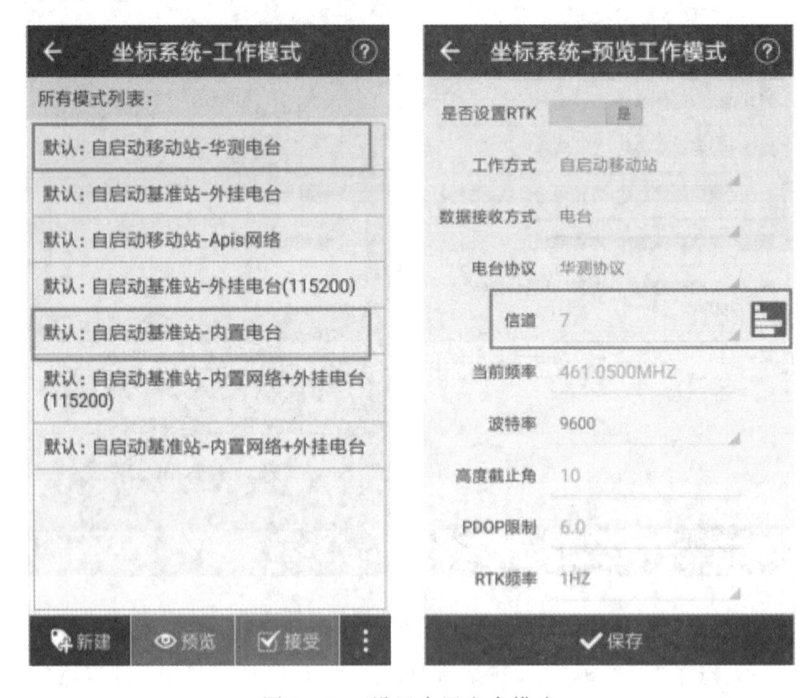

图 3-17　设置内置电台模式

d. CORS 模式:依次点击“工作模式”、“新建”,选择工作方式、数据接收方式、通信协议、域名/IP 地址、端口、APN、源列表、用户名、密码。设置完成后点击“保存”，然后接受此工作模式即可，如图 3－18 所示。

(3)参数配置

仪器测量出来的坐标是 WGS－84 经纬度坐标，通常我们需要的坐标为独立坐标系(CGCS2000、北京 54、西安 80……)下的平面坐标。若有七参数或三参数可直接输入至 LandStar7 测地通软件中“坐标系参数”里的“基准转换”中，若无参数请进行点校正。

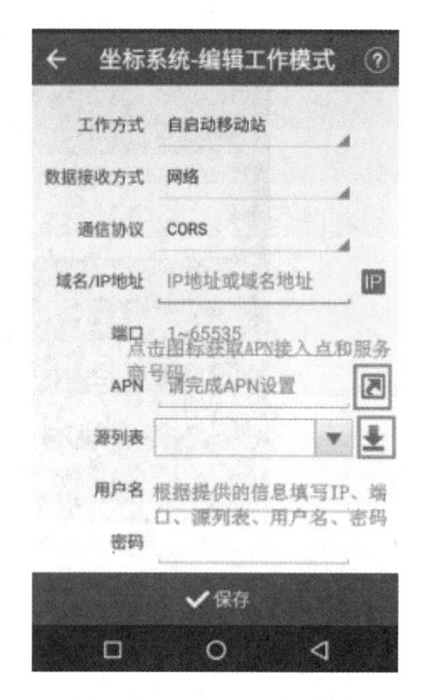

图 3－18　设置 CORS 模式

点校正步骤如下：

a. 录入控制点：在“项目”界面点击“点管理”，添加控制点，输入点名称和对应的坐标，然后点击“确定”即可，如图 3－19(a)所示。

b. 采集控制点的 WGS－84 坐标：移动站立在控制点上，气泡居中，打开 LandStar7 测地通软件进入“测量”界面，点击“点测量”，输入点名和天线高，点击测量图标采集控制点。

c. 点校正：在“测量”界面点击“点校正”，高程拟合方法选“TGO”，再点击“添加”(GNSS 点为采集的控制点坐标，已知点为输入的控制点坐标)，校正方法选择“水平＋垂直校正”。依次添加完参与校正的点对，点击“计算”，提示“平面校正计算成功、高程拟合计算成功”，点击“应用”，提示“是否替换当前工程参数”，选择“是”，跳转至坐标系参数界面，点击“接受”即可，如图 3－19(b)、图 3－19(c)和图 3－19(d)所示。

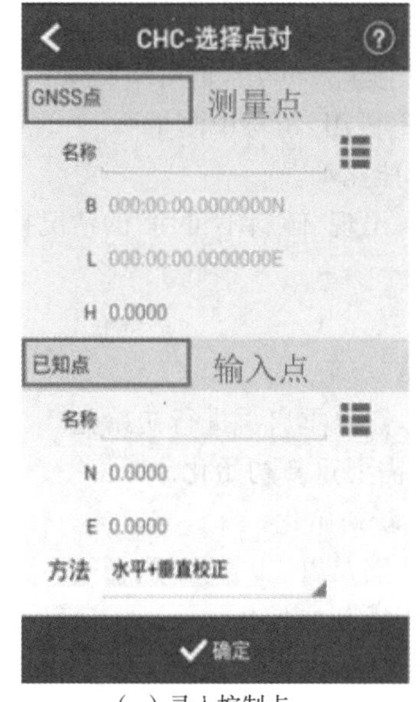

(a) 录入控制点

(b) 高程拟合及校正方法选择

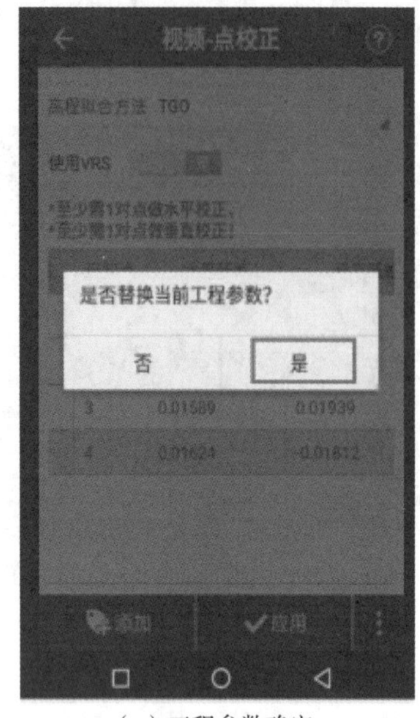

(c) 工程参数确定

(d) 坐标系参数确定

图 3-19　点校正

(4)测量作业

只有在固定状态且点校正符合要求后才能进行测量工作。配合 LandStar7 测地通软件使用,支持常规测量,例如点测量、点/线/面/放样,也支持图形作业(直接成图)、道路放样、电力线勘测等非常规测量。注意:控制点、墙角点和自动测量采集坐标时无法使用倾斜测量功能。

① 倾斜测量使用注意事项:

a. 初始化开始时,仪器的杆高和软件中输入的仪器高要保持一致。

b. 倾斜测量过程中若是手簿显示“倾斜不可用”(红字提醒),左右或前后轻微晃动 RTK 直至该提醒消失即可继续使用惯导。

c. 接收机静止不动 30 s 后,手簿端会提示“倾斜不可用,请对中测量”。

d. 对中杆用力戳地时也可能会提示“倾斜不可用,请对中测量”。

e. 在倾斜测量点采集时需要保证对中杆不能晃动。

f. 在开机首次初始化完成后,在使用中再次出现“倾斜不可用”的情况接收机端不会有语音提示,提示会显示在手簿上。

g. 每次开机时必须初始化。

h. 每次手动打开惯导模块时必须初始化。

i. 接收机开机状态跌落后(接收机未关机),需要重启再进行初始化。

j. 对中杆不能倾斜超过 65°(类似横着放),需要重新初始化。

k. 静止在一个地方 10 min 不动,会提示重新初始化。

l. 仪器在对中杆上转动速度太快(每秒转 2 圈及以上),需要重新初始化。

m. 在倾斜测量中,对中杆大力地戳地,需要重新初始化。

② 点测量步骤如下:

a. 在“点测量”界面,点击倾斜测量图标开启倾斜测量功能,如图 3-20 所示。

b. 此时会进入初始化界面，按照界面提示步骤进行初始化，初始化成功后倾斜测量图标为绿色，便可开始使用倾斜测量。

c. 输入点名和仪器高后点击测量图标，采集完成后测量点会自动保存至点管理。

d. 当倾斜测量图标为红色时界面底部辅助文字显示区会提示“倾斜不可用，需要重新初始化”。

e. 关闭倾斜测量或隐藏倾斜测量图标可以进入“设置”，在倾斜界面进行操作（当倾斜测量图标为绿色时，点击倾斜测量图标也可关闭倾斜测量功能）。

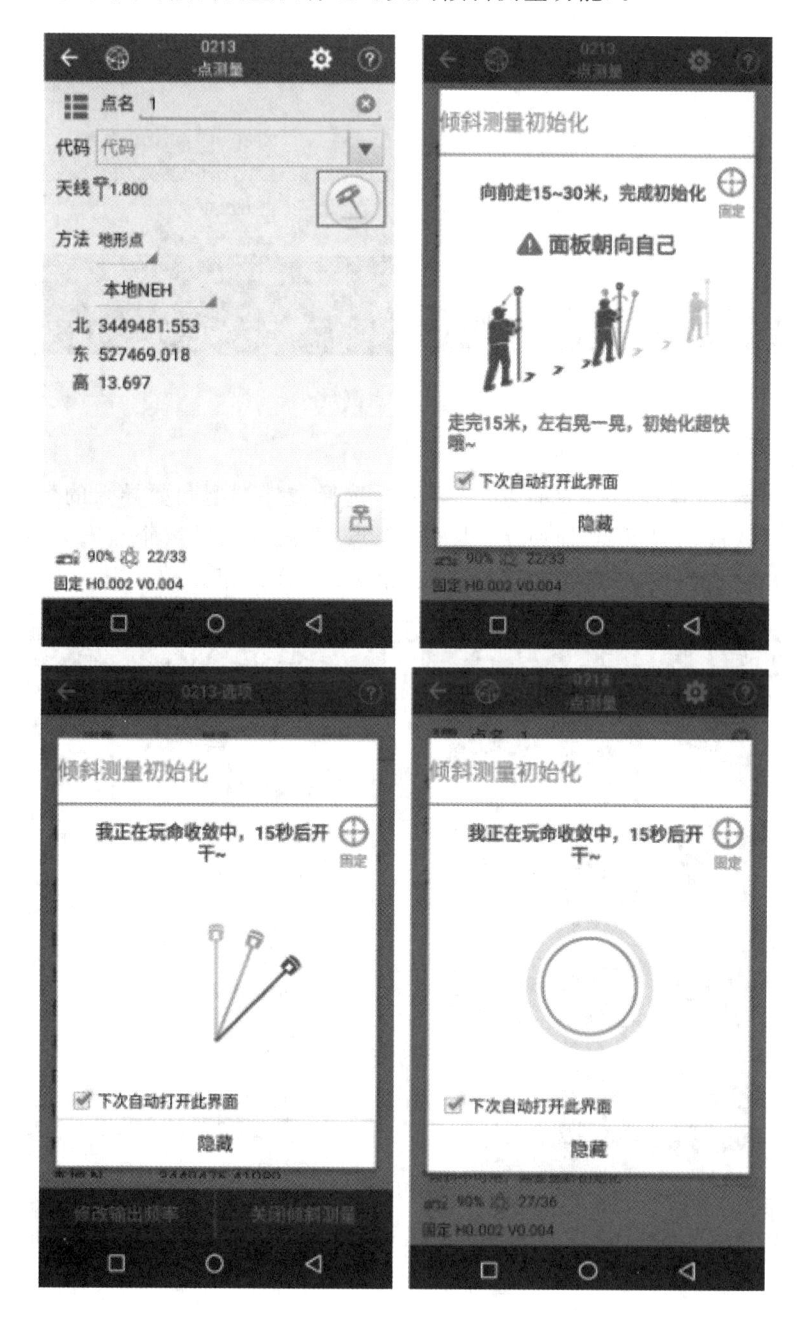

图 3-20　点测量

③ 点放样步骤如下：

a. 放样点导入：在“项目”界面点击“导入”，选择文件类型和要导入的数据文件，点击“导入”，出现导入成功提示“测地通，一共××个点，导入成功××个点”。若提示“导入失败”建议先导出一份模板，然后按照模板导入，如图 3-21 所示。

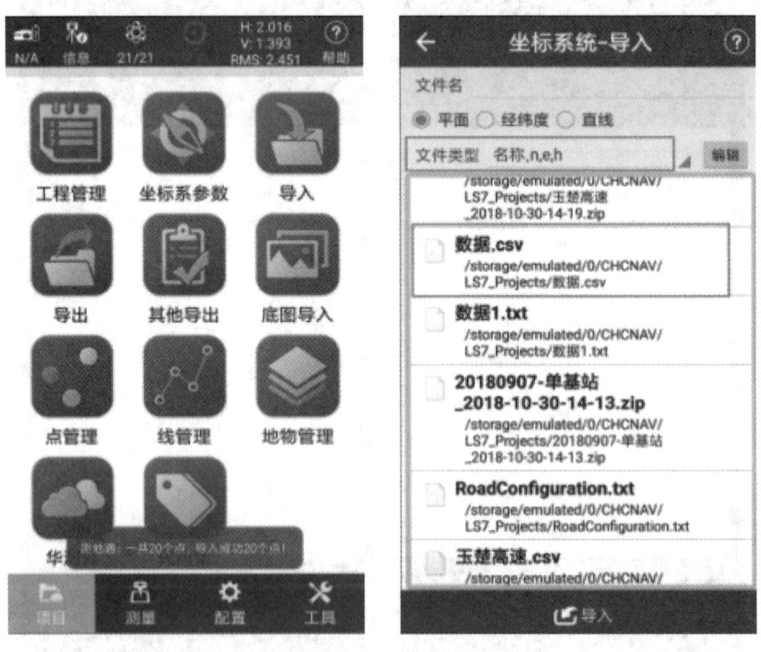

图 3-21　导入放样点

b. 放样：在“测量”界面点击“点放样”，选择放样点，根据方向和距离提示找到放样点，点击测量图标进行放样，如图 3－22 所示。

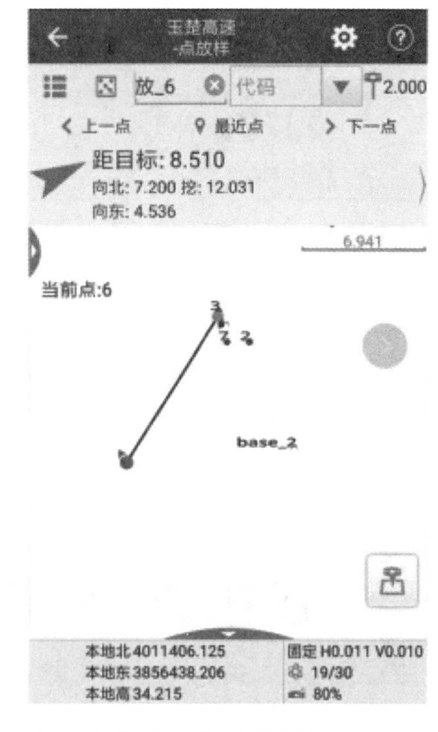

图 3－22　点放样

④ 图形作业。若有底图可直接导入，使用图形作业功能在底图上直接放样自动成图，下面以一个简单底图为例讲解如何操作。

a. 底图导入：在“项目”界面点击“底图导入”，选中要导入的底图，点击“导入”，导入成功后会提示“测地通：导入成功”，如图 3－23 所示。

b. 底图显示：依次点击“图形作业”、“设置”、“显示”，把底图勾上（删除底图或底图不显示都在此操作）。点击全屏显示，因比例问题，导入的底图若是一个小点需放大显示；不在界面显示需自己滑动找寻，如图 3－24 所示。

注意：在百度地图模式下，图层会被覆盖，点击左下角图标切换回底图图层。

c. 图形作业：底图显示正常后便可进行作业，如图 3－25 所示。

图 3－23　底图导入

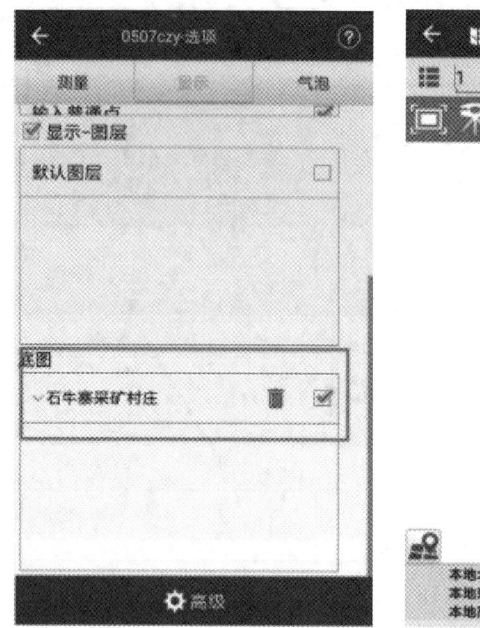

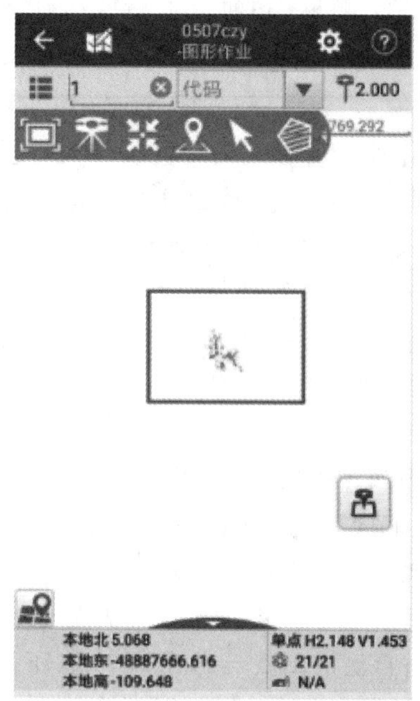

图 3－24　底图显示

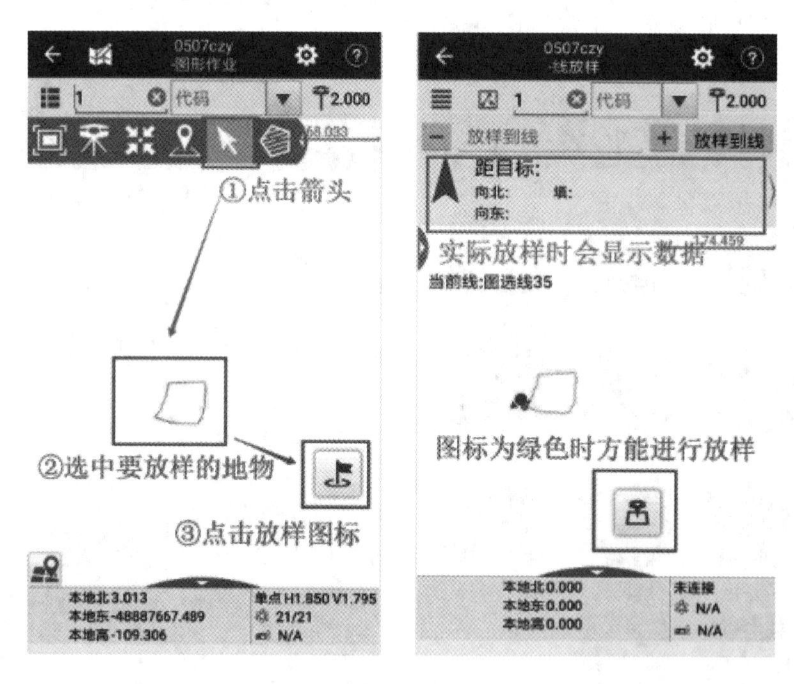

图 3－25　图形作业

(5)成果导出

在“项目”界面点击“导出”，选择需要导出的点类型、文件类型和存储路径，然后对文件进行命名，支持导出 CSV 格式、TXT 格式和 CASS 格式的数据，下面以导出 CASS 格式为例，如图 3－26 所示。

图 3-26　成果导出

4. 记录表格

GPS 测量记录表见表 3-18 所列。

表 3-18　GPS 测量记录表

日期：____________　天气：____________　仪器：____________　地点：____________

组别：____________　观测者：____________　记录者：____________

GPS 接收机的组成	主要功能、用途
简述点校正的意义	
RTK 观测的主要步骤	

第十七节　点位测设的基本工作

1. 实验目的

掌握测设点的平面位置和高程方法；熟悉经纬仪、水准仪和钢尺在测设工作中的操作方法和步骤。

2. 仪器设备

DJ_6 光学经纬仪、水准仪、水准尺、钢尺、测钎、木桩、小钉、垂球和记录板等。

3. 实验步骤

(1)点的平面位置测设

如图 3-27 所示，设 A、B 为已知点，1、2 为待测设点(坐标均已知)。已知 β_A、D_{A1}、β_B 和 D_{B2}，检核测设数据是否达到规定精度要求。

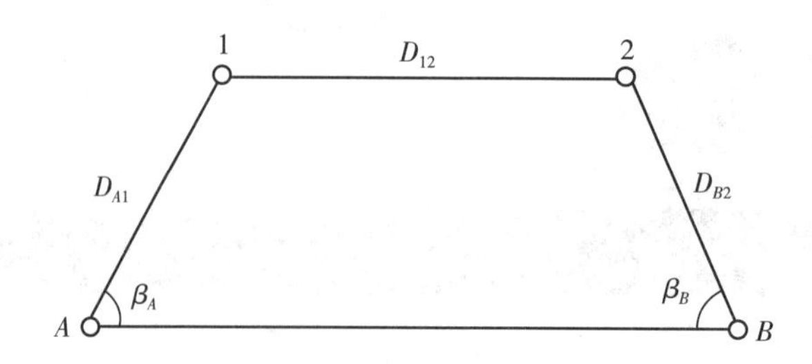

图 3-27　点的平面位置测设

① 选择较平坦的场地，在地面钉出 A 点，用钢尺量出 D_{AB} 长，钉出 B 点。

② 在 A 点安置经纬仪，盘左瞄准 B 点，度盘配置 $0°00'00''$，顺时针转动照准部至读数为 $360°-\beta_A$，在视线方向钉出 $1'$点；盘右同法钉出 $1''$点，如果两点不重合，则取其中点，在此方向线上用钢尺测设 D_{A1} 长，钉出 1 点位置。

③ 在 B 点设站，同法测设出 2 点位置。

④ 用钢尺丈量 D_{12} 长，以此作为检核测设数据是否达到规定精度要求的依据。

(2)点的高程测设

设 A 点高程已知，试在大木桩上或堡坎边上测设 P 点的设计高程。

① 安置水准仪距 A、P 点等距离处，读取 A 尺读数 a，根据已知 A、P 点高程计算 P 点的应读数 $b_{应}$。

$$b_{应}=H_A+a-H_P \tag{3-9}$$

② 将水准尺紧贴 P 点木桩(或堡坎墙边)上下移动，当中横丝对准读数 $b_{应}$ 时，沿尺底面在木桩上画“—”即为测设的高程位置。

4. 注意事项

(1)测设数据经校核无误后方可使用。

(2)测设完后，应进行检核，检测 D_{12} 的相对误差不超过 1/3000；检测 H_P 不应超过 ±8 mm，否则应重新测设。

5. 记录表格

点位测设记录表见表 3－19 所列。

表 3－19　点位测设记录表

日期：__________　天气：__________　仪器：__________　地点：__________

组别：__________　观测者：__________　记录者：__________

点的平面位置测设记录表(一)

测站		定向点		测设点		反算坐标方位角/° ′ ″		水平角		水平距离/m	备注
点名	坐标 $x/y/$ m	点名	坐标 $x/y/$ m	点名	坐标 $x/y/$ m	站→向	站→设	拨向	角值/° ′ ″		

点的高程测设记录表(二)

测站	水准点号	水准点高程/m	后视读数	视线高程/m	待测设点		桩顶应读数	桩顶实读数	桩顶填挖尺数/m	备注
					点号	设计标高/m				

第十八节　圆曲线的测设

1. 实验目的

练习圆曲线主点元素的计算，掌握测设圆曲线主点的方法；熟悉用偏角法、切线支距法测设圆曲线(细部点)的方法。

2. 仪器设备

DJ_6 光学经纬仪、钢尺、标杆、测钎、记录板、木桩和小钉等。

3. 实验步骤

(1)曲线主点的测设

① 根据实地情况选定适宜的半径。

② 计算切线长 T，曲线长 L、外矢距 E 及切曲差 J；计算主点里程。

③ 如图 3-28 所示，在交点 JD 处安置经纬仪，瞄准圆曲线起点 ZY 方向(令 ZY 为起始方向)，并在此方向上测设切线 T 长得圆曲线起点 ZY；再向左测 $180°-\alpha$，在此方向线上测设切线 T 长得圆曲线终点 YZ(现场测设时，圆曲线起点、圆曲线终点的方向均已知)。

④ 瞄准圆曲线终点 YZ 方向，向右测设$\frac{1}{2}(180°-\alpha)$，在此方向线上测设 E 长得圆曲线中点 QZ。

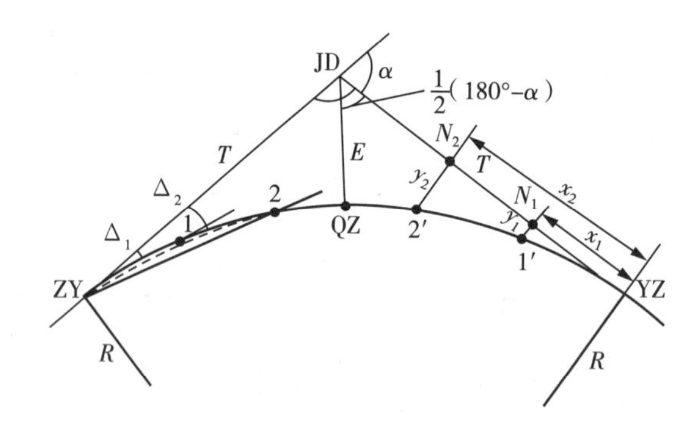

图 3-28　圆曲线测设

(2)用偏角法测设圆曲线

① 根据半径 R 和选定的弧长 l 算得相应的弦长 C 和偏角 Δ，以及余弧长的 l_1 和余弦长 C_1。

② 安置仪器于 ZY，盘左将水平度盘置 0°00′00″瞄准 JD，向右旋转照准部，使度盘读数对准偏角 Δ_1 值，用钢尺沿此方向测设弦长 C 标定出 1 点位置。继续转动照准部，使度盘度数对准偏角 Δ_2 值，用钢尺从 1 点量弦长 C 与方向线相交，即得第 2 点位置。同法逐点测设其他细部点。

③ 使度盘读数对准 QZ 的偏角值$\frac{\alpha}{4}$，再从曲线上最后一个细部点量取最后一段弦长 C_1 与视线方向相交得一点，该点应与 QZ 重合，以此作为检核。

(3)用切线支距法测设圆曲线

① 如图 3-6 所示，用钢尺沿切线 YZ—JD 方向测设 x_1、x_2 等，并在地面上标定出垂足

N_1、N_2 等。

② 分别在 N_1、N_2 等处安置经纬仪测设切线的垂线，在各自的垂线上测设 y_1、y_2 等，以标定细部点 1′、2′等。

4. 注意事项

(1)测设圆曲线中点、圆曲线终点时，应采用盘左、盘右取中点钉出。

(2)偏角法测设中，注意偏角方向。在检核余弦长的实量值与计算值比较时，纵向(切线方向)误差应小于 $L/1000$(L 为曲线总长)；横向(半径方向)误差应小于 0.1 m，超限应重测。

5. 记录表格

圆曲线测设记录表见表 3 - 20 所列。

表 3 - 20 圆曲线测设记录表

日期：__________ 天气：__________ 仪器：__________ 地点：__________

组别：__________ 观测者：__________ 记录者：__________

曲线的元素及主点桩号计算表(一)

曲线半径 R		切曲差 $J=2T-L$		曲线长 $L=R\cdot\alpha\cdot\frac{\pi}{180}$		中点 $QZ=ZY+\frac{L}{2}$	
切线长 $T=R\cdot\tan\frac{\alpha}{2}$		起点 $ZY=JD-T$		外矢距 $E=R\left(\sec\frac{\alpha}{2}-1\right)$		终点 $YZ=ZY+L$	
备 注							

圆曲线细部测设记录表(二)

点名	里程桩号	弧长/m	支距法		偏角法		备 注
			x/m	y/m	弦长/m	偏角值/° ′ ″	

第十九节　线路纵、横断面水准测量

1. 实验目的

掌握纵、横断面水准测量方法，根据测量成果绘制纵、横断面图。

2. 仪器设备

DS_3 级水准仪、水准尺、尺垫、卷尺、木桩和记录板等。

3. 实验步骤

(1)纵断面水准测量

① 选一条长约 300 m 的路线，沿线有一定的坡度。

② 选钉起点，桩号为 0＋000，用皮尺量距，每 50 m 钉一里程桩，并在坡度变化处钉加桩。

③ 根据附近已知水准点将高程引测至 0＋000。

④ 仪器安置在适当位置，后视 0＋000，前视 ZD_1（后文转点用 ZD 表示）读至 mm，然后中间视读至 cm，记入手簿。

⑤ 仪器搬站，后视 ZD_1、前视 ZD_2、中间视记入手薄。同法逐站施测，直至线路终点，并附合到另一水准点。

(2)横断面水准测量

在里程桩上，用方向架确定线路的垂直方向。在垂直方向上，用皮尺量取从里程桩到左、右两侧 20 m 内各坡度变化点的距离（读至 dm），用水准仪测定其高程（读至 cm）。

(3)绘制纵横断面图

纵断面图的水平距离比例尺为 1∶2000，高程为 1∶200；横断面图的水平距离和高程比例尺均为 1∶200。

4. 注意事项

(1)中间视因无检核，读数与计算要认真细致。

(2)横断面水准测量与绘图，应分清左、右。

(3)线路附合高差闭合差不应大于 $\pm 50\sqrt{L}$ mm（L 以 km 为单位），在容许范围内时不必进行调整，否则应重测。

5. 记录表格

线路纵、横断面水准测量记录表见表 3－21 所列。

表 3－21　线路纵、横断面水准测量记录表

日期：____________　天气：____________　仪器：____________　地点：____________

组别：____________　观测者：____________　记录者：____________

纵断面水准测量记录表(一)

测站	桩号	水准尺读数			高差/m	视线高程/m	高程/m
		后视/m	前视/m	中间视/m			
	1						
	2						

（续表）

测站	桩号	水准尺读数			高差/m	视线高程/m	高程/m
		后视/m	前视/m	中间视/m			
	3						
	4						
	5						
	6						
	7						
	8						
	9						
	10						
	11						
	12						
	13						
	14						
	15						
	16						
	17						
	18						
	19						
	20						
	21						
	22						
	23						
	24						
	25						
验　算							

横断面水准测量记录表(二)

测站	桩号	水准尺读数			仪器视线高程/m	高程/m	备注
		后视/m	前视/m	中间视/m			
	1						
	2						
	3						
	4						
	5						
	6						
	7						
	8						
	9						
	10						
	11						
	12						
	13						
	14						
	15						
	16						
	17						
	18						
	19						
	20						

第四章　流体力学实验

流体力学是力学的一个重要分支，是研究流体处于平衡状态和流动状态时的机械运动规律及其在工程技术领域中的应用。流体力学实验是流体力学课程的重要环节，是分析、总结流动规律和公式的重要途径。通过本章的学习和实验，一是掌握对压强、流速、流量等物理量的测量方法，并通过实验观测流动现象，加深对水力现象的理解和认识，验证基本概念和基本理论。二是掌握必要的数据分析计算方法，培养学生运用所学理论进行科学研究、分析问题和解决问题的能力。三是熟练应用工程流体力学、应用数学和测量技术对综合性实验进行分析，培养学生工程实践能力和创新意识。

第一节　流体静力学实验

1. 实验目的

掌握用测压管测量流体静压强的方法；验证重力作用下不可压缩流体静力学基本方程；观察真空度的产生过程，加深对真空度的理解；测定油的相对密度；通过对诸多流体静力学现象的实验分析，进一步提高解决静力学实际问题的能力。

2. 实验装置

流体静力学实验装置图如图 4－1 所示。

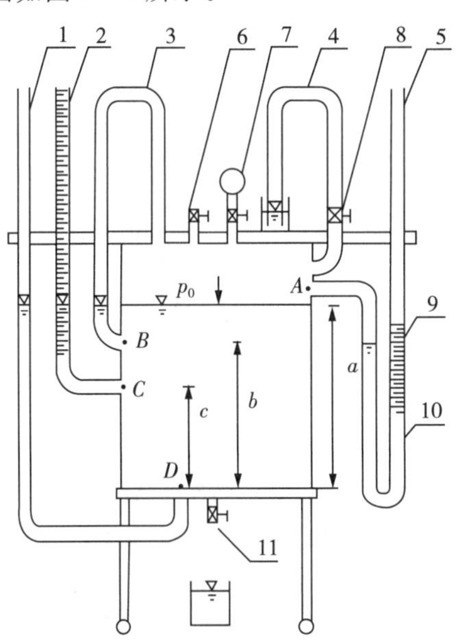

1—测压管；2—带标尺测压管；3—连通管；4—真空测压管；5—U 形测压管；6—通气阀；7—加压打气球；8—截止阀；9—油柱；10—水柱；11—减压放水阀。

图 4－1　流体静力学实验装置图

3. **实验原理**

根据流体平衡规律，在重力作用下不可压缩流体静力学基本方程为

$$z+\frac{p}{\gamma}=C \quad 或 \quad p=p_0+\gamma h \tag{4-1}$$

式中，z——被测点在基准面以上的位置高度；

p——被测点的静水压强，用相对压强表示，以下类同；

γ——液体容重；

p_0——水箱中液面的表面强度；

h——被测点的液体深度。

对于装有水油(图 4－2 和图 4－3)的 U 形管，应用等压面可得油的相对密度 S_0 有下列关系：

$$S_0=\frac{\gamma_0}{\gamma_w}=\frac{h_1}{h_1+h_2} \tag{4-2}$$

式中，γ_0——油的容重；

γ_w——水的容重；

h_1、h_2——测压管水面与水箱液面高差。

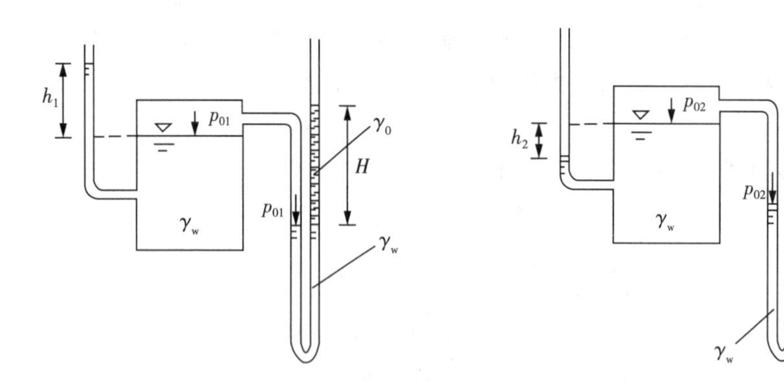

图 4－2　水面与油水界面齐平示意图　　　图 4－3　水面与油面齐平示意图

根据式(4－2)可用仪器(不另外用尺)直接测得油的相对密度 S_0。

4. **实验步骤**

(1)熟悉实验装置组成及其用法。其主要包括以下内容：

① 各阀门的开关。

② 加压方法——关闭所有阀门(包括截止阀)，然后用打气球充气。

③ 减压方法——开启减压放水阀放水。

④ 检查密封——加压后检查图 4－1 中测压管 1、带标尺测压管 2 和 U 形测压管 5 的液面高程是否恒定。若下降，表明漏气，应查明原因并加以处理。

(2)记录仪器编号及各常数。

(3)量测点静压强(压强用厘米水柱高度表示)。

① 打开通气阀(此时 $p_0=0$)，记录水箱液面标高∇_0和带标尺测压管 2(图 4－1)液面标

高∇_H（此时$\nabla_0=\nabla_H$）。

② 关闭通气阀及截止阀，加压使之形成 $p_0>0$，测记∇_0及∇_H。

③ 打开减压放水阀，使之形成 $p_0<0$（要求其中一次），$\frac{p_B}{\gamma}<0$，（即$\nabla_H<\nabla_B$），测得∇_0及∇_H。

(4)测出真空测压管插入小水杯水中的深度。

(5)测定油相对密度 S_0。

① 开启通气阀，测记∇_0。

② 关闭通气阀，打气加压（$p_{01}>0$），微调放气螺母使U形测压管中水面与油水交界面齐平（图 4－2），测记∇_0及∇_H（此过程反复进行三次）。

③ 打开通气阀，待液面稳定后，关闭所有阀门；然后开启减压放水阀降压（$p_{02}<0$），使U形管中的水面与油面齐平（图 4－3），测记∇_0及∇_H（此过程亦反复进行三次）。

第二节　不可压缩流体恒定流能量方程实验

1. 实验目的

验证流体恒定总流的能量方程；通过对动流体力学诸多水力现象的实验分析，进一步掌握有压管流中动流体力学的能量转换特性；掌握流速、流量、压强等动流体力学要素的实验量测方法。

2. 实验装置

自循环伯努利方程实验装置图如图 4－4 所示。

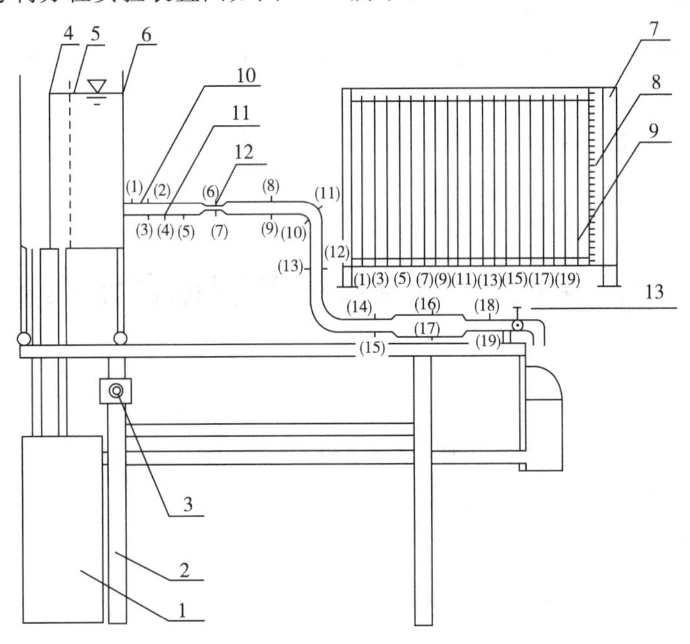

1—自循环供水器；2—实验台；3—可控硅无级调速器；4—溢流板；5—稳水孔板；6—恒压水箱；7—测压计；8—滑动测量尺；9—测压管；10—实验管道；11—测点；12—毕托管；13—实验流量调节阀。

图 4－4　自循环伯努利方程实验装置图

3. **实验原理**

在实验管路中沿管内水流方向取 n 个过水断面。可以列出进口断面(1)至另一断面(i)的能量方程式为

$$Z_1+\frac{p_1}{\gamma_1}+\frac{a_1 v_1^2}{2g}=Z_i+\frac{p_i}{\gamma_i}+\frac{a_i v_i^2}{2g}+h_{w_{1\sim i}}(i=2,3,\cdots,n) \tag{4-3}$$

取 $a_1=a_2=\cdots=a_n=1$,选好基准面,从已设置的各断面的测压管中读出 $Z+\frac{p}{\gamma}$ 的值,测出通过管路的流量,即可计算出断面平均流速 v 及 $\frac{av^2}{2g}$,从而可得到各断面测压管水头和总水头。

4. **实验步骤**

(1)熟悉实验装置,分清哪些测压管是普通测压管,哪些是毕托管测压管,普通测压管和毕托管测压管功能的区别。

(2)打开开关供水,使水箱充水,待水箱溢流,检查调节阀关闭后所有测压管水面是否齐平。如不平则需查明故障原因(如连通管受阻、漏气或夹气泡等)并加以排除,直至调平。

(3)打开实验流量调节阀,观察思考:①测压管水头线和总水头线的变化趋势;②位置水头和压强水头之间的相互关系;③图 4-4 中测点(2)和测点(3)测管水头是否相同并解释原因;④图 4-4 中测点(12)和测点(13)测压管水头是否不同并解释原因;⑤当流量增加或减少时,测压管水头如何变化?

(4)实验流量调节阀开度,待流量稳定后,测记各测压管液面读数,同时测记实验流量(毕托管供演示用,不必测记读数)。

(5)改变流量两次,重复上述测量。其中,一次阀门开度大到使图 4-4 中 19 号测管液面接近标尺零点。

第三节　不可压缩流体恒定流动量定律实验

1. **实验目的**

验证不可压缩流体恒定流的动量方程;通过对动量与流速、流量、出射角度、动量矩等因素间相关性的分析,进一步掌握流体动力学的动量守恒定理。

2. **实验装置**

动量定律实验装置图如图 4-5 所示。

3. **实验原理**

恒定总流动量方程为

$$F=\rho Q(\beta_2 v_2-\beta_1 v_1) \tag{4-4}$$

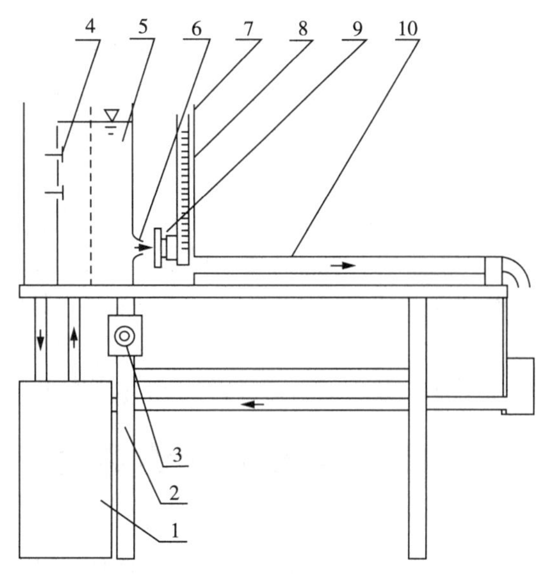

1—自循环供水器；2—实验台；3—可控硅无级调速器；4—水位调节阀；5—恒压水箱；6—管嘴；7—集水箱；8—带活塞的测压管；9—带活塞和翼片的抗冲平板；10—上回水管。

图 4－5　动量定律实验装置图

取隔离体如图 4－6 所示，因滑动摩擦阻力水平分力 $f_x < 0.5\% F_x$，可忽略不计，故 x 方向的动量方程为

$$F_x = -P_c A = -\gamma h_c \frac{\pi}{4} D^2 = \rho Q(0 - \beta_1 v_{1,x}) \tag{4-5}$$

即

$$\beta_1 \rho Q v_{1,x} - \frac{\pi}{4} \gamma h_c D^2 = 0 \tag{4-6}$$

式中，h_c——作用在活塞形心处的水深；

D——活塞直径；

Q——射流流量；

$v_{1,x}$——射流速度；

β_1——动量修正系数。

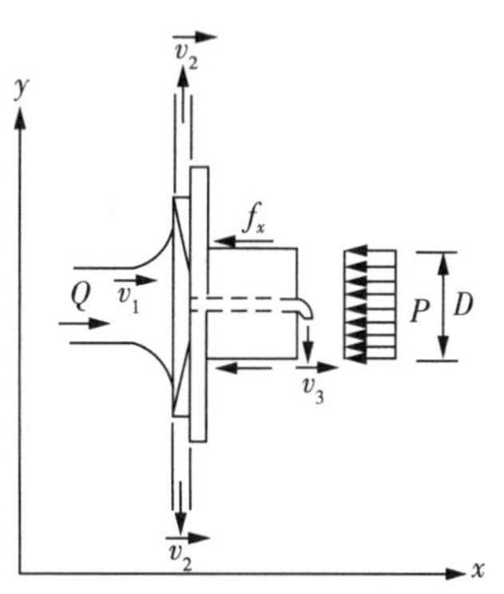

图 4－6　动量定律实验装置离体构造图

实验中，在平衡状态下，只要测得流量 Q 和作用在活塞形心处的水深 h_c，由给定的管嘴直径 d 和活塞直径 D，代入上式，便可确定射流的动量修正系数 β_1 的值，并验证动量定律。其中，测压管的标尺零点已固定在活塞的圆心处。因此，液面标尺读数即作用在活塞圆心处的水深。

4. 实验步骤

(1)准备。熟悉实验装置各部分名称、结构特征、作用性能，记录有关常数。

(2)开启水泵。打开调速器开关，水泵启动 2～3 min 后，关闭 2～3 s，以利用回水排除离心式水泵内滞留的空气。

(3)调整测压管位置。待恒压水箱满顶溢流后，松开测压管固定螺丝，调整方位，要求测压管垂直、螺丝对准十字中心，使活塞转动松快，然后拧紧螺丝固定好。

(4)测读水位。将标尺的零点固定在活塞圆心的高程上，当测压管内液面稳定后，记下测压管内液面的标尺读数，即 h_c。

(5)测量流量。用体积法或重量法测流量时，每次时间要求大于 20 s，若用电测仪测流量时，则须在仪器量程范围内。测量流量需重复测三次再取均值。

(6)改变水头重复实验。逐次打开不同高度上的溢水孔盖，改变管嘴的作用水头。调节调速器，使溢流量适中，待水头稳定后，按步骤(3)～(5)重复进行实验。

(7)验证 $v_{2,x}\neq 0$ 对F_x 的影响。取下平板活塞，使水流冲击到活塞套内，调整好位置，使反射水流的回射角度一致，记录回射角度的目估值、测压管作用水深 h_c'和管嘴作用水头 H_0。

第四节　毕托管测速实验

1. 实验目的

通过对管嘴淹没出流点流速及流速系数的测量，掌握用毕托管测量点流速的方法；了解普朗特型毕托管的构造和适用性，并检验其测量精度，进一步明确传统流体力学量测仪器的现实作用。

2. 实验装置

毕托管实验装置图如图 4－7 所示。

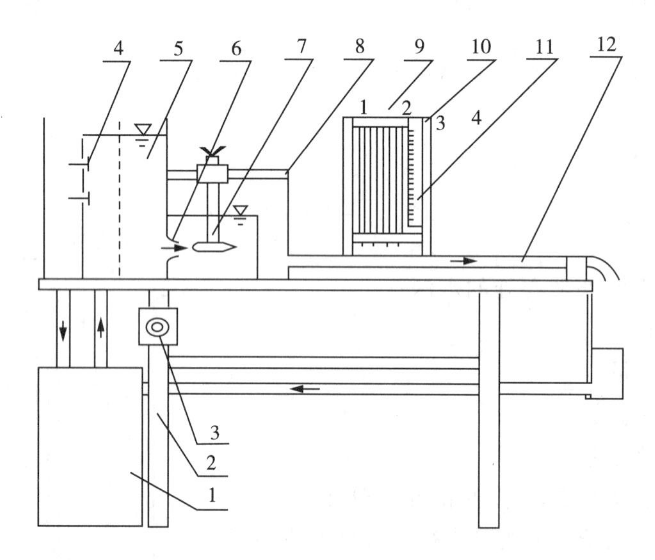

1—自循环供水器；2—实验台；3—可控硅无级调速器；4—水位调节阀；5—恒压水箱；6—管嘴；7—毕托管；8—尾水箱与导轨；9—测压管；10—测压计；11—滑动测量尺(滑尺)；12—上回水管。

图 4－7　毕托管实验装置图

3. 实验原理

$$u=c\sqrt{2g\Delta h}=k\sqrt{\Delta h} \tag{4-7}$$

式中，k——常数，$k=c\sqrt{2g}$；

u——毕托管测点处的点流速；

c——毕托管的校正系数；

Δh——毕托管全压水头与静水压头之差。

$$u=\varphi'\sqrt{2g\Delta H} \tag{4-8}$$

联解式(4－7)和式(4－8)可得

$$\varphi'=c\sqrt{\Delta h/\Delta H} \tag{4-9}$$

式中，u——测点处流速，由毕托管测定；

φ'——测点流速系数；

ΔH——管嘴的作用水头。

4. 实验步骤

(1)准备。①熟悉实验装置各部分名称、作用性能和实验原理。②用医塑管将上、下游水箱的测点分别与图4－6中测压计中的测管(1)和测量(2)相连通。③将毕托管对准管嘴，距离管嘴出口处2～3 cm，拧紧固定螺丝。

(2)开启水泵。顺时针打开可控硅无级调速器开关，将流量调节到最大。

(3)排气。待上、下游溢流后，用吸气球(如医用洗耳球)放在测压管口部抽吸，排除毕托管及各连通管中的气体，用静水匣罩住毕托管，可检查测压计液面是否齐平，液面不齐平可能是空气没有排尽，必须重新排气。

(4)测记各有关常数和实验参数，填入实验表格。

(5)改变流速。操作水位调节阀并相应调节可控硅无级调速器，使溢流量适中，共可获得三个不同恒定水位与相应的不同流速。改变流速后，按上述方法重复测量。

(6)完成下述实验项目：

① 分别沿垂向和流向改变测点的位置，观察管嘴淹没射流的流速分布。

② 在有压管道测量中，管道直径相对毕托管的直径在10倍以内时，误差在2%以上，不宜使用。试将毕托管头部伸入管嘴，予以验证。

(7)实验结束时，按步骤(3)的方法检查毕托管比压计是否齐平。

第五节　雷诺实验

1. 实验目的

在恒定流下，观察圆管中层流和紊流的流态及其转换特性；测定临界雷诺数，掌握圆管流态判别准则；学习古典流体力学中应用无量纲参数进行实验研究的方法，了解其实用意义。

2. 实验装置

自循环雷诺实验装置图如图4－8所示。

3. 实验原理

(1)实际流体在实验管道中流动会呈现出两种不同的形态：层流和紊流。区别层流和紊流，则需观看流体层间是否发生混掺现象(在紊流流动过程中存在随即变化的脉动量，而在层流流动中则没有)。两种不同的流动形态，既反映了流体质点的运动轨迹，又揭示了整

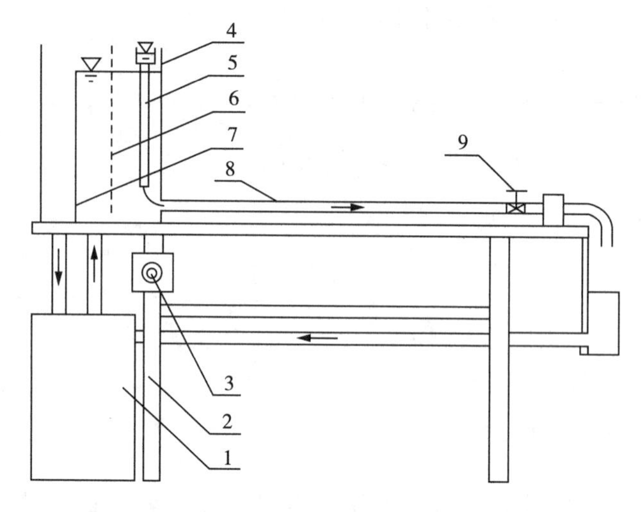

1—自循环供水器；2—实验台；3—可控硅无级调速器；4—恒压水箱；
5—有色水水管；6—稳水孔板；7—溢流板；8—实验管道；9—流量调节阀。

图 4-8　自循环雷诺实验装置图

个流动结构的不同，即水头损失和扩散规律有所不同。

(2)实际流体的流动之所以会呈现出两种不同的形态，是因为扰动因素与黏性稳定作用之间存在对比和抗衡。圆管中处于恒定流状况，即处在 d 减小、v 减小、ν 加大的三种情况。总之，小雷诺数流动时趋于稳定，而大雷诺数流动时则稳定性差，易发生紊流现象。

(3)圆管中恒定流的流态转化取决于雷诺数：

$$Re=\frac{vd}{\nu}=\frac{4Q}{\pi d\nu}=KQ \tag{4-10}$$

$$K=\frac{4}{\pi d\nu}$$

式中，d——圆管直径；

v——圆管断面水流的平均流速；

ν——水流的运动黏度。

(4)圆管中恒定流的流态发生转化时，以临界雷诺数 $Re_c \approx 2300$ 来判断。临界雷诺数分为上临界雷诺数和下临界雷诺数。

(5)在圆管中的恒定流的流态为层流时，沿程水头损失与平均流速成正比，紊流时则与平均流速的 1.75～2.0 次方成正比，此表明两种流态的流场结构和动力特性存在很大的差异。

(6)在相同流量下，圆管层流流速呈旋转抛物面分布，而紊流流速则呈指数或对数分布。紊流的流速分布比层流的抛物线分布要均匀得多，则壁面流速梯度和切应力都比层流时的大。

4. 实验步骤

(1)测记本实验的有关常数。

(2)观察两种流态。打开可控硅无级调速器开关，使水箱充水至溢流水位，经稳定后，微微开启实验流量调节阀，并注入颜色水于实验管内，使颜色水流成一条直线。通过颜色水质点的运动观察管内水流的层流流态，然后逐步开大流量调节阀，通过颜色水直线的变化观察层流转变到紊流的水力特征，待管中出现完全紊流后，再逐步关小流量调节阀，观察由紊流转变为层流的水力特征。

(3)测定下临界雷诺数，具体步骤如下：

① 将流量调节阀打开，使管中呈完全紊流，再逐步关小流量调节阀使流量减小。当流量调节到使颜色水在全管刚呈现出一条稳定直线时，即为下临界状态。

② 待管中出现临界状态时，用体积法或电测法测定流量。

③ 根据所测流量计算下临界雷诺数，并与公认值(2320)比较，偏离过大，须重测。

④ 重新打开流量调节阀，使其形成完全紊流，按照上述步骤重复测量不少于三次。同时用水箱中的温度计测记水温，从而求得水的运动黏度。

注意：①每调节阀门一次，均需等待稳定几分钟。②关小阀门过程中，只许逐渐关小，不许开大。③随出水流量减小，应适当调小开关(右旋)，以减小溢流量引发的扰动。

(4)测定上临界雷诺数。逐渐开启调节阀，使管中水流由层流过渡到紊流，当颜色水线刚开始散开时，即上临界状态，测定上临界雷诺数 1～2 次。

(5)观察圆管中层流和紊流两种流态下的断面流速分布情况及其转换规律，分析圆管中不同流态的运动学与动力学的特性。

第六节　文丘里流量计实验

1. 实验目的

通过测定流量系数，掌握应用文丘里流量计测量管道流量的技术和应用气-水多管压差计测量压差的方法；通过实验与量纲分析，了解应用量纲分析与实验结合研究流体力学问题的途径，掌握文丘里流量计的水力特性。

2. 实验装置

文丘里流量计实验装置图如图 4－9 所示。

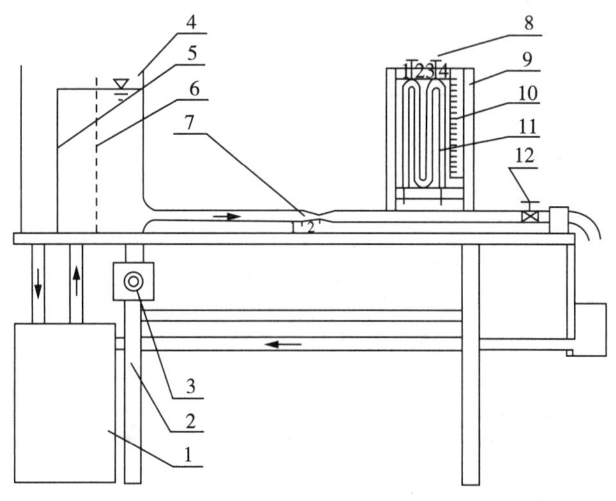

1—自循环供水器；2—实验台；3—可控硅无级调速器；4—恒压水箱；5—有色水水管；6—稳水孔板；7—文丘里实验管段；8—测压计气阀；9—测压计；10—滑尺；11—多管压差计；12—流量调节阀。

图 4－9　文丘里流量计实验装置图

3. 实验原理

根据恒定总流能量方程和连续性方程,可得不计阻力作用时的文丘里管的过水能力关系式为

$$Q'=\frac{\frac{\pi}{4}d_1^2}{\sqrt{\left(\frac{d_1}{d_2}\right)^4-1}}\sqrt{2g[(Z_1+P_1/\gamma)-(Z_2+P_2/\gamma)]}=K\sqrt{\Delta h} \tag{4-11}$$

式中,K——常数,$K=\frac{\pi}{4}d_1^2\sqrt{2g}/\sqrt{(d_1/d_2)^4-1}$;

Δh——两断面测压管水头差,$\Delta h=\left(Z_1+\frac{P_1}{\gamma}\right)-\left(Z_2+\frac{P_2}{\gamma}\right)$。

由于阻力的存在,实际通过的流量 Q 恒小于 Q'。引入一无量纲系数 $\mu=Q/Q'$(μ 称为流量系数),对计算所得的流量值进行修正。即

$$Q=\mu Q'=\mu K\sqrt{\Delta h} \tag{4-12}$$

另外,由水静力学基本方程可得气-水多管压差计的 Δh 为

$$\Delta h=h_1-h_2+h_3-h_4 \tag{4-13}$$

4. 实验步骤

(1)测记各有关常数。

(2)打开电源开关,全关流量调节阀,检验测管液面读数 Δh 是否为 0,不为 0 时,需查出原因并予以排除。

(3)全开流量调节阀,检查各测压管液面是否都处在滑尺读数范围内,若为否则按下列步序调节:打开测压计气阀,将清水注入测管 2 和测管 3,待 $h_2=h_3\approx 24$ cm,打开电源开关充水,待连通管无气泡,渐关流量调节阀,并调可控硅无级调速器开关至 $h_1=h_4\approx 28$ cm,即速拧紧测压计气阀。

(4)全开流量调节阀,待水流稳定后,读取各测压管的液面读数 h_1、h_2、h_3 和 h_4,并用秒表和量筒测定流量。

(5)逐次关小流量调节阀,改变流量 7～9 次,重复步骤(4),注意调节流量调节阀应缓慢。

(6)把测量值记录在实验表格内,并进行有关计算。

(7)如测压管内液面波动,应取时均值。

(8)实验结束,需按步骤(2)校核压差计是否回零。

第七节　沿程水头损失实验

1. 实验目的

加深了解圆管流层和紊流的沿程损失随平均流速变化的规律,绘制 $\lambda gh_f-\lambda gv$ 曲线;掌握管道沿程阻力系数的量测技术和应用气-水压差计及电测仪测量压差的方法;将测得

的 $Re-\lambda$ 关系值与莫迪图对比，分析其合理性，进一步提高实验成果分析能力。

2. 实验装置

自循环沿程水头损失实验装置图如图 4-10 所示。

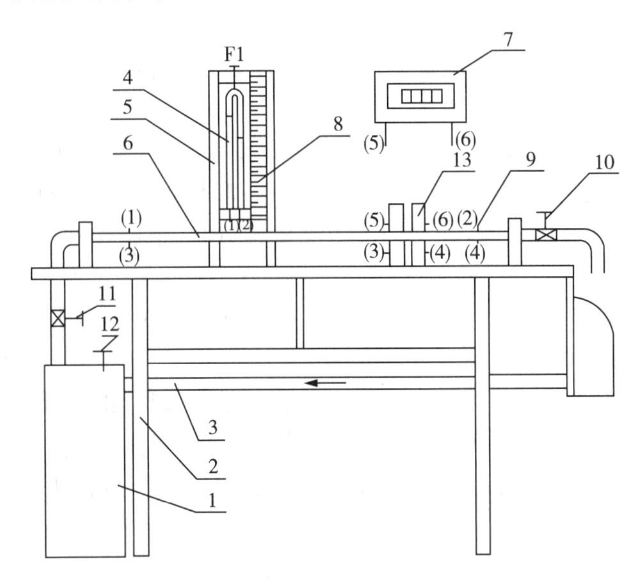

1—自循环高压恒定全自动供水器；2—实验台；3—回水管；4—水压差计；5—测压计；6—实验管道；7—水银压差计；8—滑动测量尺；9—测压点；10—流量调节阀；11—供水管与供水阀；12—旁通管与旁通。

图 4-10 自循环沿程水头损失实验装置图

3. 实验原理

由达西公式 $h_f=\lambda\dfrac{Lv^2}{d2g}$得

$$\lambda=\frac{2gdh_f}{L}\cdot\frac{1}{v^2}=\frac{2gdh_f}{L}\left(\frac{\pi}{4}\cdot\frac{D^2}{Q}\right)^2=K\frac{h_f}{Q^2} \tag{4-14}$$

式中，K——常数，$K=\pi^2gd^5/8L$。

对于水平等直径圆管由能量方程可得 $h_f=(p_1-p_2)/\gamma$。

压差可用压差计测或电测。对于多管式水银压差有下列关系：

$$h_f=\frac{(p_1-p_2)}{\gamma_w}=\left(\frac{\gamma_m}{\gamma_w}-1\right)(h_2-h_1+h_4-h_3)=12.6\Delta h_m \tag{4-15}$$

式中，γ_m——水银的容重；

γ_w——水的容重；

Δh_m——汞柱总差，$\Delta h_m=h_2-h_1+h_4-h_3$。

4. 实验步骤

(1)准备工作如下：

① 对照装置图和说明，熟悉各组成部件的名称、作用及其工作原理；检查蓄水箱水位是否够高及旁通阀是否已关闭，否则予以补水并关闭阀门；记录有关实验常数：工作管内径

d 和实验管长 L(标志于蓄水箱)。

② 启动水泵。若供水装置采用的是自动水泵,则接通电源,全开旁通阀,打开供水阀,水泵自动开启供水。

③ 调通量测系统。

(2)夹紧水压计止水夹,打开流量调节阀和供水阀(逆时针方向),关闭旁通阀(顺时针方向),启动水泵排除管道中的气体。

(3)全开旁通阀,关闭流量调节阀,松开水压计止水夹,并旋松水压计之旋塞 F_1,排除水压计中的气体。随后,关闭供水阀,打开流量调节阀,使水压计的液面降至标尺零指示附近,即拧紧 F_1。再次开启供水阀,并立即关闭流量调节阀,稍候片刻检查水压计是否齐平,如不平则须重调。

(4)水压计齐平时,则可旋开电测仪排气旋钮,对电测仪的连接水管通水、排气,并将电测仪调至“000”显示。

(5)实验装置通水排气后,即可进行实验测量。在旁通阀、供水阀全开的前提下,逐次开大流量调节阀,每次调节流量时,均需稳定 2～3 min,流量愈小,稳定时间愈长;测流时间不小于 10 s;测流量的同时,需测记水压计(或电测仪)、温度计(温度表应挂在水箱中)等读数:

层流段:应在水压计 Δh～20 mmH_2O(夏季)、Δh～30 mmH_2O(冬季)量程范围内,测记 3～5 组数据。

紊流段:夹紧水压计止水夹,开大流量,用电测仪记录 h_f 值,每次增量可按 Δh～100 mmH_2O 递加,直至测出最大的 h_f 值。阀的操作次序是当供水阀、流量调节阀开至最大后,逐渐关旁通阀直至 h_f 显示最大值。

(6)结束实验前,应全开旁通阀,关闭流量调节阀,检查水压计与电测仪是否指示为零,若均为零,则关闭供水阀,切断电源。否则,表明压力计已进气,须重新实验。

第八节　孔口与管嘴出流实验

1. 实验目的

掌握孔口与管嘴出流的流速系数、流量系数、侧收缩系数和局部阻力系数的量测方法;通过对不同管嘴与孔口的流量系数测量分析,了解进口形状对出流能力的影响及相关水力要素对孔口出流能力的影响。

2. 实验装置

孔口管嘴实验装置图如图 4 - 11 所示。

3. 实验原理

运用能量方程可得孔口出流公式:

$$Q=\varphi\varepsilon A\sqrt{2gH_0}=\mu A\sqrt{2gH_0} \tag{4-16}$$

式中,H_0——作用总水头;

φ——孔口流速系数;

μ——孔口流量系数;

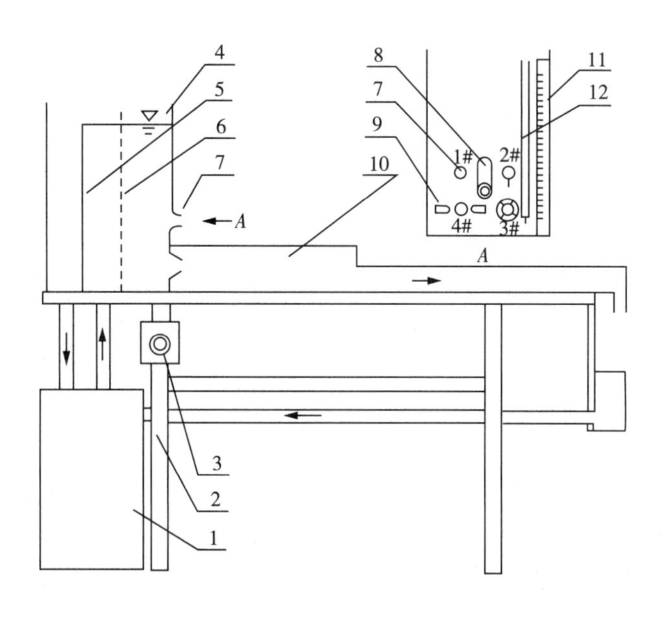

1—自循环供水器；2—实验台；3—可控硅无级调速器；4—恒压水箱；5—溢流板；6—稳水孔板；7—孔口管嘴（1＃为喇叭进口；2＃为直角进口管嘴；3＃为锥形管嘴；4＃为孔口）；8—防溅旋板；9—测量孔口射流收缩直径的移动触头；10—上回水槽；11—标尺；12—测压管。

图4-11　孔口管嘴实验装置图

ε——孔口断面收缩系数；

A——孔口外侧面积；

g——重力加速度。

流量系数为

$$\mu=\frac{Q}{A\sqrt{2gH_0}}$$

收缩系数为

$$\varepsilon=\frac{A_c}{A}=\frac{d_c^{\ 2}}{d^2} \tag{4-17}$$

式中，A_c——收缩断面面积；

d_c——收缩断面直径；

d——孔口直径。

流速系数为

$$\varphi=\frac{v_c}{\sqrt{2gH_0}}=\frac{\mu}{\varepsilon}=\frac{1}{\sqrt{1+\zeta}} \tag{4-18}$$

式中，v_c——收缩断面流速；

ζ——阻力系数。

阻力系数为

$$\zeta=\frac{1}{\varphi^{2}}-1 \tag{4-19}$$

4. **实验步骤**

(1)记录实验常数,各孔口管嘴用橡皮塞塞紧。

(2)打开调速器开关,使恒压水箱充水,至溢流后,再打开1#喇叭进口管嘴,待水面稳定后,测记水箱水面高程标尺读数 H_1,测定流量 Q(要求测量三次,时间尽量长些,以求准确),测量完毕,先旋转水箱旋板,将喇叭进口管嘴盖好,再塞紧橡皮塞。

(3)依照上法,打开2#直角进口管嘴,测记水箱水面高程标尺读数 H_1 及流量 Q,观察和测量直角管嘴出流时的真空情况。

(4)依次打开3#圆锥形管嘴,测定 H_1 及 Q。

(5)打开4#孔口,观察孔口出流现象,测定 H_1 及 Q,并用孔口两边的触头测记孔口收缩断面的直径(重复测量三次)。具体量测收缩断面直径的方法如下:首先松动螺丝,先移动一边触头将其与水股切向接触,拧紧螺丝,再移动另一边触头,使之切向接触,并拧紧螺丝,再将旋板开关顺时针方向关上孔口,用卡尺测量触头间距,即射流直径。然后改变孔口出流的作用水头(可减少进口流量),观察孔口收缩断面直径随水头变化的情况。

(6)关闭调速器开关。

注意:①实验次序为先管嘴后孔口,每次塞橡皮塞前,先用旋板将进口管嘴盖好,以免水花溅开。② 在步骤(5)的测记孔口收缩断面的直径时将旋板置于不工作的孔口或管嘴上,尽量减少旋板对工作孔口、管嘴的干扰。③进行以上实验时,注意观察各出流的流股形态,并做好记录。

第五章 土力学试验

土力学试验是土力学课程的重要组成部分，是测定土的物理、力学性能指标和其他工程性质的重要方式。土力学试验可为工程设计、施工提供基本计算数据和资料。通过本章的学习和试验，一是加深理解土力学的基本理论和原理；二是掌握常规室内土工试验基本原理和基本方法，深入了解土的工程性质；三是学会整理测试资料和分析测试数据；四是培养学生综合判断及解决土工测试中的各种问题的能力，为今后从事岩土工程研究、使用及开发各类岩土工程测试技术打下基础。

第一节 密度试验

1. 试验目的

测定土的天然密度，了解土体的内部结构和疏密状况，用以换算土的其他物理力学指标，为工程设计和控制施工质量提供依据。

2. 仪器设备

环刀(内径 61.8 mm 和 79.8 mm，高 20 mm)、天平(称量 500 g，分度值 0.1 g；称量 200 g，分度值 0.01 g)、切土刀或钢丝锯等。

3. 试验原理

土在天然状态下，单位土体的质量称为土的天然密度。测定试验时用已知质量和容积的环刀切取原状土样，使之与其体积保持一致，单位体积土的质量即为土的密度。土的密度测试方法有环刀法、蜡封法、灌水法和灌砂法等，它们适用于不同的土质情况。

4. 试验步骤

(1)查看环刀外壁的编号，确定环刀容积 V。

(2)用天平称环刀的质量 m_1，精确至 0.01 g。

(3)取直径和高度略大于环刀的原状土样或制备所需状态的扰动土样，整平其两端。

(4)在环刀内壁涂一薄层凡士林，将环刀刃口向下放在土样上，手扶环刀轻轻垂直下压，边压边削，直到土样上端伸出环刀为止，削平上下两面的余土，使之与环刀口平齐(严禁用切土刀在土面上反复涂抹)。

(5)擦净环刀外壁称量，精确至 0.1 g。

5. 试验结果

(1)密度及干密度按式(5－1)和式(5－2)计算(精确至 0.01 g/cm^3)：

$$\rho=\frac{m_2-m_1}{V} \tag{5-1}$$

$$\rho_d = \frac{\rho}{1+0.01\omega} \tag{5-2}$$

式中，ρ——土体密度(g/cm³)；

ρ_d——土体干密度(g/cm³)；

ω——土体含水率(%)；

m_1——环刀质量(g)；

m_2——环刀及土样质量(g)；

V——环刀容积(cm³)。

(2)试验以两次平行试验结果的算术平均值作为测定值，两次结果之差应小于0.03 g/cm³，否则须重新试验。

第二节　含水率试验

1. 试验目的

测定土的含水率，以了解土的含水情况，为计算土的干密度、孔隙比、饱和度及物理力学性能指标提供依据，是检测土工构筑物施工质量的重要指标。

2. 仪器设备

电子天平(称量200 g，分度值0.01 g)、电子台秤(称量5000 g，分度值1 g)、烘箱、干燥器和称量盒等。

3. 试验原理

土中的水分为结晶水、结合水和自由水。结晶水是存在于矿物晶体内部或参与矿物构造的水。这部分水只有在高温(150～240 ℃，甚至400 ℃)下才能从土颗粒矿物中析出，因此可以把它看作矿物本身的一部分。结合水是紧密附着在土颗粒表面的薄层水膜，它是依靠水化学静电引力(库仑力和范德华力)吸附在土粒表面，它对细粒土的工程性质有很大影响。结合水可划分为强结合水和弱结合水。自由水是存在于土颗粒孔隙中的水，它可分为毛细水和重力水。影响土的物理、力学性质的主要是弱结合水和自由水。因此，测定土的含水率时主要是测定这两部分水的含量。试验表明，弱结合水和自由水在105～110 ℃下就可从土体中析出，故本试验烘干温度定为105～110 ℃。

土的含水率测试方法有烘干法、酒精或煤油燃烧法、湿度密度计法、比重法和炒干法等，它们适用于不同的土质和试验条件。只要测得天然土中的水质量和干土质量，即可得到含水率。

4. 试验步骤

(1)取具有代表性的试样细粒土15～30 g(砂类土50～100 g，砂砾石2～5 kg)放入称量盒内，立即盖好盒盖，称量试样和称量盒的总质量。细粒土、砂类土准确称量至0.01 g，沙砾土准确称量至1 g。

(2)揭开盒盖，将试样和称量盒放入烘箱，在温度105～110 ℃恒温下烘干至恒重。烘干时间：黏性土不得少于8 h、砂类土不得少于6 h。对含有机质5%～10%的土，应将烘干温度控制在65～70 ℃下烘至恒量。

(3)将烘干后的试样和称量盒取出，盖好盒盖放入干燥器内冷却至室温(一般需0.5～

1 h)，称量恒重后的试样和恒重后的称量盒的总质量，精确至0.01 g。

5. 试验结果

(1)含水率按式(5-3)计算(精确至0.1%)：

$$\omega=\left(\frac{m_o}{m_d}-1\right)\times 100 \tag{5-3}$$

式中，ω——含水率(%)；

m_o——试样和称量盒的总质量(g)；

m_d——恒重后的试样和恒重后的称量盒的总质量(g)。

(2)试验结果以两次平行试验测定值的算术平均值为最后结果，两次平行试验结果允许差值须符合表5-1的规定。

表5-1 含水率测定的允许平行差值

含水率 ω/%	最大允许平行差值/%
<10	±0.5
10～40	±1.0
>40	±2.0

第三节 界限含水率试验

1. 试验目的

联合测定土(粒径应小于0.5 mm、有机质含量不大于试样总质量5%的土)的液限含水率、塑限含水率，划分土的工程类别，计算天然稠度、塑性指数，供工程设计和施工使用。

2. 试验方法

(1)搓滚塑限法

① 仪器设备

毛玻璃板(200 mm×300 mm)、天平(称量200 g，分度值0.01 g)、卡尺(分度值0.02 mm)、筛(孔径0.5 mm)、烘箱、干燥缸和铝盒等。

② 试验原理

测定土的塑限试验方法主要是搓滚法，就是用手掌在毛玻璃板上轻轻搓滚土条，水分会不断散失，土条含水率也在不断发生变化。当土条直径刚好达到3 mm时表面产生微裂缝和断裂，此时土条的含水率即为塑限。

③ 试验步骤

a. 取过0.5 mm筛的代表性土样100 g，加纯水拌和，浸润静置一昼夜。

b. 将试样在手中捏揉至不黏手，捏扁，当出现裂缝时，表示含水率已接近塑限。

c. 取接近塑限的试样一小块，先用手捏成橄榄形，然后用手掌在毛玻璃上均匀施加压力，轻轻搓滚。土条不得有空心现象，长度不宜超过手掌宽度。

d. 当土条搓成直径3 mm时，产生裂缝并开始断裂，表示试样达到塑限。当不产生裂缝及断裂，表示试样的含水率高于塑限，当土条直径大于 3 mm 时即断裂，表示试样含水率小于塑限，应弃去，需重新取土试验。当土条在任何含水率下始终搓不到 3 mm 即开始断裂，则该土无塑性。

e. 取直径符合 3 mm 断裂的土条 3～5 g，放入称量盒内，盖紧盒盖，测定含水率，此含水率即为塑限。

④ 试验结果

a. 塑限按式(5－4)计算(精确至 0.1%)：

$$\omega_p = \left(\frac{m_o}{m_d} - 1\right) \times 100 \tag{5-4}$$

式中，ω_p——塑限(%)；

m_o——湿土质量(g)；

m_d——干土质量(g)。

b. 试验结果以两次平行试验测定值的算术平均值为最后结果。两次平行试验结果最大允许差值应符合要求。

(2)液塑限联合测定法

① 仪器设备

液塑限联合测定仪(图 5－1)、试样杯(直径 40～50 mm，高 30～40 mm)、天平(称量 200 g，分度值 0.01 g)、筛(孔径 0.5 mm)、烘箱、调土刀、调土皿、称量盒和干燥器等。

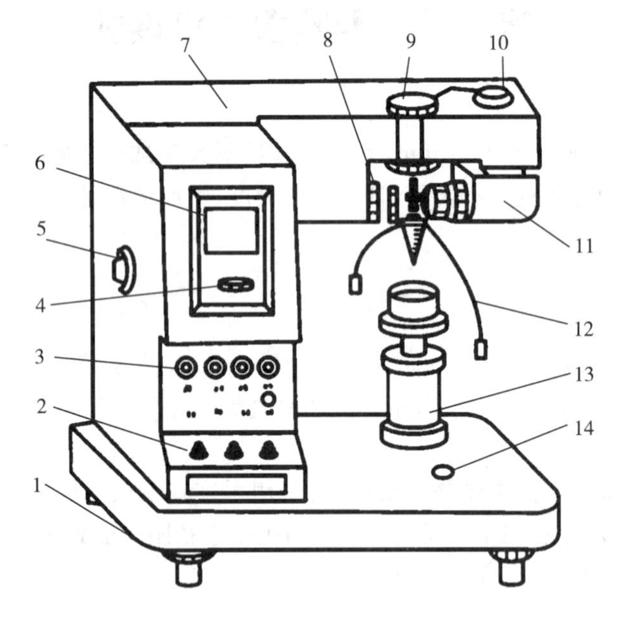

1—水平调节螺丝；2—控制开关；3—指示灯；4—零线调节螺丝；5—反光镜调节螺丝；6—屏幕；7—机壳；8—物镜调节螺丝；9—电磁装置；10—光源调节螺丝；11—光源；12—圆锥仪；13—升降台；14—水平泡。

图 5－1　光电式液塑限联合测定仪示意图

② 试验原理

液塑限联合测定法是根据圆锥仪的圆锥入土深度与其相应的含水率在双对数坐标上

具有线性关系的特性来进行的。利用圆锥质量为 76 g 的液塑限联合测定仪测得土在不同含水率时的圆锥入土深度，并绘制其关系直线图，在图上查得圆锥下沉深度为 17 mm 所对应的含水率即为液限，圆锥下沉深度为 2 mm 所对应的含水率即为塑限。

③ 试验步骤

a. 取有代表性的天然含水率土样或风干土样进行试验，用 0.5 mm 的筛对土样过筛。

b. 当采用天然含水率的土样时，分别按接近液限、塑限和二者的中间状态制备不同稠度的土膏，静置湿润。当采用风干土样时，称取 200 g 过筛土样，分成 3 份，分别放入 3 个调土皿中，加入不同数量的纯水，使接近液限、塑限和二者的中间状态的含水率，用调土刀调成土膏，放入密封的保湿缸中，静置一昼夜。

c. 用调土刀将制备好的试样调拌均匀，密实地分层装入试样杯中，填装时勿使土内留有空隙，然后刮去高出试样杯多余的土，刮平杯口，将试样杯置于仪器底座上。

d. 取圆锥仪，在锥体上涂以薄层润滑油脂，接通电源，使电磁铁吸稳圆锥仪。当使用游标式或百分表式时，提起锥杆，用旋钮固定。

e. 调节屏幕准线，使初读数为零。调节升降座，使圆锥仪锥角接触试样表面，指示灯亮时圆锥在自重下沉入试样内，当使用游标式或百分表式时，用手扭动旋钮，松开锥杆，经 5 s 后测读圆锥下沉深度。然后取出试样杯，挖去锥尖入土处的润滑油脂，取锥体附近的试样不少于 10 g，放入称量盒内称量，准确至 0.01 g，测定含水率。

f. 按照同样方法测定其余 2 个试样的圆锥下沉深度及相应的含水率。

④ 试验结果

a. 在双对数坐标纸上，以含水率 ω 为横坐标，圆锥下沉深度 h 为纵坐标，点绘 a、b、c 三点含水率的 $h-\omega$ 关系，如图 5-2 所示。连接此三点，应呈一条直线，如三点不在同一直线上，要通过高含水率 a 点与 b、c 两点连成两条直线，在圆锥下沉深度为 2 mm 处查得相应的含水率，当两个含水率的差值小于 2%时，应以该两点含水率的平均值与高含水率的点连成一条线。当两个含水率的差值不小于 2%时，须重新试验。

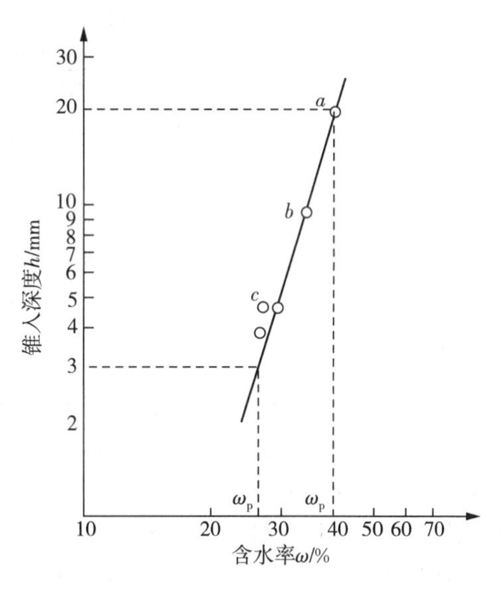

图 5-2 圆锥下沉深度与含水率的关系图

b. 根据圆锥下沉深度与含水率的关系图，查得下沉深度为 10 mm 所对应的含水率为 10 mm液限；查得下沉深度为 17 mm 所对应的含水率为液限；查得下沉深度为 2 mm 所对应的含水率为塑限，以百分数表示，精确至 0.1%。

c. 塑性指数和液性指数按式(5-5)和式(5-6)计算：

$$I_p = \omega_l - \omega_p \tag{5-5}$$

$$I_l = \frac{\omega_0 - \omega_p}{I_p} \tag{5-6}$$

式中，I_p——塑性指数；

I_l——液性指数，计算至 0.01；

ω_l——液限(%)；

ω_0——天然含水率(%)；

ω_p——塑限(%)。

第四节 固结试验

1. 试验目的

测定试样在侧限轴向排水条件下的变形和压力关系，孔隙比和压力关系以及变形和时间关系。用以计算土的压缩系数、固结系数、压缩指数和压缩模量等。

2. 仪器设备

固结仪(图 5-3)、天平、秒表、烘箱、透水石、钢丝锯、刮土刀和铝盒等。

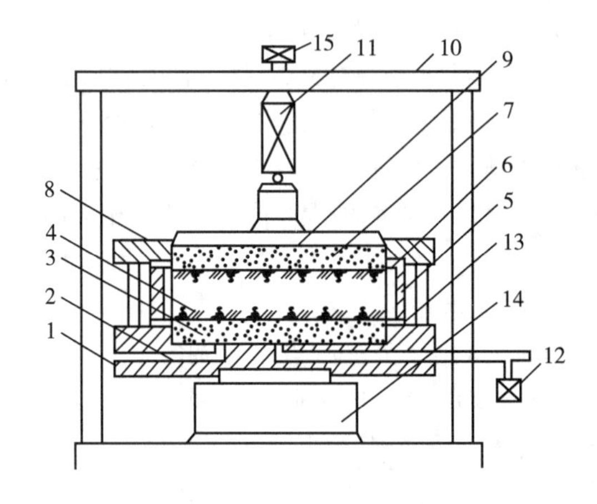

1—底座；2—排气孔；3—下透水板；4—试样；5—护环；6—环刀；7—上透水板；8—上盖；9—加压盖板；10—加荷架；11—负荷传感器；12—孔压传感器；13—密封圈；14—加压机座；15—位移传感器。

图 5-3 固结仪组装示意图

3. 试验原理

试样装在厚壁金属容器内，上下各放透水石一块，然后在试样上分级施加垂直压力 P。记录加压后不同时间的垂直变形量，绘制不同荷载下垂直变形量 Δh 与时间 t 的关系曲线、垂直变形 Δh 与相应荷载 P 的关系曲线、孔隙比 e 与荷载 P 的关系曲线。由于试样受金属厚壁容器的限制，不可能产生侧向膨胀，土样只有垂直变形，故该试验称为侧限压缩试验。记录加压前后土样空隙比的变化，建立变形和空隙比的关系，然后计算地基的压缩模量。

4. 试验步骤

(1)根据工程需要，切取原状土试样或制备给定密度与含水率的扰动土样。取原状土样时应使试样在试验时的受压情况与天然土层受荷方向一致。

(2)用钢丝锯将土样修成略大于环刀直径的土柱，然后用手轻轻将环刀垂直下压，边压边修，直至环刀装满土样为止，然后用刮土刀修平两端，同时注意刮平试样时，不得用刮刀往复涂抹上面。在切削过程中应细心观察试样并记录其层次、颜色和有无杂质等。

(3)擦净环刀外壁，称量环刀与土样的总质量，精确至 0.1 g，并取环刀两面修下的土样测定其含水率。

(4)在固结容器内放置护环、透水板和薄滤纸，将带有环刀的试样小心装入护环，然后在试样上放薄滤纸、透水板和加压盖板，置于加压框架下，对准加压框架的正中，安装量表。

(5)先预加 1.0 kPa 压力，使固结仪内各部分紧密接触，然后调整量表，使读数为零。

(6)确定需要施加的各级压力。加压等级宜为 12.5 kPa、25 kPa、50 kPa、100 kPa、200 kPa、400 kPa、800 kPa、1600 kPa 和 3200 kPa。最后一级的压力应大于上覆土层的计算压力 100～200 kPa。

(7)如需确定原状土的前期固结压力时，加压率宜小于 1，可采用 0.5 或 0.25。最后一级压力应使 $e-\lg p$ 曲线下段出现较长的直线段。

(8)第一级压力的大小视土的软硬程度宜采用 12.5 kPa、25 kPa 或 50 kPa(第一级实加压力应减去预压压力)。只需测定压缩系数时，最大压力不小于 400 kPa。

(9)如系饱和试样，则在施加第一级压力后，立即向水槽内注水至满。如系非饱和试样，须以湿布围住加压盖板四周，避免水分蒸发。

(10)如需测定沉降速率时，加压后宜按下列时间顺序测记量表读数：6 s、15 s、1 min、2 min 15 s、4 min、6 min 15 s、9 min、12 min 15 s、16 min、20 min 15 s、25 min、30 min 15 s、36 min、42 min 15 s、49 min、64 min、100 min、200 min、400 min、23 h 和 24 h，直至稳定为止。当不需要测定沉降速率时，则施加每级压力固结 24 h 或试样变形每小时变化不大于 0.01 mm。测记稳定读数后，再施加第 2 级压力。依次逐级加压至试验结束。

(11)如需进行回弹试验，可在某级压力(大于上覆有效压力)下固结稳定后卸压，直至卸至第一级压力，每次卸压后的回弹稳定标准与加压相同，并测记每级压力及最后一级压力时的回弹量。

(12)如需做次固结沉降试验，可在主固结试验结束继续试验至固结稳定为止。

(13)试验结束后，迅速拆除仪器各部件，取出试样。如需测定试验后含水率，则用干滤纸吸去试样两端表面上的水，测定其含水率。

5. 试验结果

(1)试样初始孔隙比按式(5－7)计算：

$$e_0=\frac{\rho_w G_s(1+0.01\,\omega_0)}{\rho_0}-1 \tag{5-7}$$

式中，e_0—— 初始孔隙比；

ρ_w—— 水的密度(g/cm^3)；

ρ_0—— 试样试验前密度(g/cm^3)；

G_s—— 土粒相对密度。

(2) 各级压力下固结稳定后的孔隙比按式(5－8) 计算：

$$e_i=e_0-(1+e_0)\frac{\sum \Delta h_i}{h_0} \tag{5-8}$$

式中，e_i—— 某级压力下的孔隙比；

$\sum \Delta h_i$—— 某级压力下试样的高度总变形量(cm)；

h_0—— 试样初始高度(cm)。

(3) 某一压力范围内的压缩系数按式(5－9) 计算：

$$a_v = \frac{e_i - e_{i+1}}{p_{i+1} - p_i} \times 10^3 \tag{5－9}$$

式中，a_v—— 压缩系数(MPa^{-1})；

p_i—— 某一单位压力值(kPa)。

(4) 某一压力范围内的压缩模量E_s 和体积压缩系数按式(5－10) 和式(5－11) 计算：

$$E_s = \frac{1 + e_0}{a_v} \tag{5－10}$$

$$m_v = \frac{1}{E_s} = \frac{a_v}{1 + e_0} \tag{5－11}$$

式中，E_s—— 压缩模量(MPa)；

m_v—— 体积压缩系数(kPa^{-1})。

(5) 压缩指数和回弹指数(压缩系数即 $e-\lg p$ 曲线直线段的斜率，用同法在回弹支上求其平均斜率，即回弹系数) 按式(5－12) 计算：

$$C_c \text{ 或 } C_s = \frac{e_i - e_{i+1}}{\lg p_{i+1} - \lg p_i} \tag{5－12}$$

式中，C_c—— 压缩指数；

C_s—— 回弹指数。

(6) 以孔隙比 e 为纵坐标，单位压力 p 为横坐标，绘制孔隙比与单位压力的关系曲线。

(7) 固结系数 C_v 按式(5－13) 或式(5－14) 式计算：

$$C_v = \frac{0.848\ \overline{h^2}}{t_{90}}\text{(时间平方根法)} \tag{5－13}$$

$$C_v = \frac{0.197\ \overline{h^2}}{t_{50}}\text{(时间对数法)} \tag{5－14}$$

式中，C_v—— 固结系数(cm^2/s)；

$\bar{h}$—— 最大排水距离，等于某一压力下试样初始与终了高度的平均值之半(cm)；

t_{90}—— 固结度达 90% 所需的时间(s)；

t_{50}—— 固结度达 50% 所需的时间(s)。

第五节　黄土湿陷试验

1. 试验目的

测定试样在浸水和不浸水条件下的压力与变形关系，以便计算压缩变形系数、湿陷变形系数、渗透溶滤变形系数、自重湿陷系数及湿陷起始压力等指标，进一步掌握黄土的工程性质，为设计和施工提供依据。

2. 仪器设备

环刀(内径 79.8 mm)、固结容器、透水石和滤纸等。

3. 试验原理

黄土是一种在第四纪时期形成的黄色或褐黄色的特殊粉状土。在天然状态下土质坚硬，压缩性较小，抗剪强度较高，有较大的承载力。但有些黄土浸水后由于颗粒表面薄膜水增厚或颗粒间可溶盐类被溶解使土粒胶结软化，造成土的结构被破坏，从而导致土体突然发生明显的变形。黄土的这种性质称为黄土的湿陷性。具有湿陷性的黄土叫作湿陷性黄土，分布面积较广，成因类型很多，一般呈黄色或褐黄色，粉粒约占 60%，含大量的碳酸盐、硫酸盐和氯化物等可溶性盐类，天然孔隙比为 1 左右，且有肉眼可见的大孔隙，天然条件下，竖直节理发育，能保持直立的天然边坡。

黄土之所以在受水浸时产生湿陷变形，除与上述出于结构特征及物质成分的内在因素在它的形成过程中保持欠压密状态、低湿度、高孔隙的特点外，还与其所受的压力大小密切相关。黄土的湿陷会对建筑物地基造成突发的不均匀性失稳变形，其危害性是十分严重的。因此对这种地基，必须综合考虑压缩变形、湿陷变形和渗透溶滤变形的特性。

湿陷系数 $\delta_s<0.015$ 时，为非湿陷性黄土；湿陷系数 $\delta_s\geqslant0.015$ 时，为湿陷性黄土，且湿陷系数越大，湿陷性越强烈。工程实际中规定(一般压力为 200 kPa 作用下)：$0.015\leqslant\delta_s\leqslant0.03$ 为湿陷性轻微，$0.03<\delta_s\leqslant0.07$ 为湿陷性中等，$\delta_s>0.07$ 为湿陷性强烈。

4. 试验步骤

(1)湿陷系数试验

① 按规定制备试样，确定需要施加的各级压力，压力等级宜为 50 kPa、100 kPa、150 kPa、200 kPa，大于 200 kPa 后每级压力为 100 kPa。最后一级压力应按取土深度而定：从基础底面算起至 10 m 深度以内，压力为 200 kPa；10 m 以下至非湿陷土层顶面，应用其上覆土的饱和自重压力，当大于 300 kPa 时，仍然用 300 kPa。当基底压力大于 300 kPa 时或有特殊要求的建筑物时，宜按实际压力确定。

② 施加第一级压力后，每隔 1 h 测定一次变形读数，直至试样变形稳定为止。

③ 试样在第一级压力下变形稳定后，施加第二级压力，以此类推。试样在规定浸水压力下变形稳定后，向容器内自上而下或自下而上注入纯水，水面宜高出试样顶面，每隔 1 h 测记 1 次变形读数，直至试样变形稳定为止。

④ 测记试样浸水变形稳定读数后，拆卸仪器及试样。

(2)自重湿陷系数试验

① 按规定制备试样，施加土的饱和自重压力，当饱和自重压力小于或等于 50 kPa 时，可一次施加。当压力大于 50 kPa 时，应分级施加，每级压力不应大于 50 kPa，每级压力时间不应少于 15 min，如此连续加至饱和自重压力。加压后每隔 1 h 测记 1 次变形读数，直至试样变形稳定为止。

② 向容器内注入纯水，水面应高出试样顶面，每隔 1 h 测记 1 次变形读数，直至试样浸水变形稳定为止。

③ 测记试样变形稳定读数后，拆卸仪器及试样。

(3)溶滤变形系数试验

① 按照湿陷系数试验步骤①～③进行后，继续用水渗透，每隔 2 h 测记 1 次变形读数，24 h 后每天测记 1～3 次，直至变形稳定为止。

② 测记试样溶滤变形稳定读数后，拆卸仪器及试样。

(4)湿陷起始压力试验

① 单线法

a. 按规定制备试样，切取 5 个环刀试样，按照固结试验方法安装试样和量表，并预加 1.0 kPa 压力，使固结仪内各部分紧密接触，然后调整量表，使读数为零。

b. 在天然湿度下，按照湿陷系数试验中步骤①～③对 5 个试样分级加压，直至试样湿陷变形稳定为止。

c. 试验结束后，迅速拆除仪器各部件，取出带环刀的试样。

② 双线法

a. 按规定制备试样，切取 2 个环刀试样，按照固结试验方法安装试样和量表，并预加 1.0 kPa 压力，使固结仪内各部分紧密接触，然后调整量表，使读数为零。

b. 在天然湿度下，按照湿陷系数试验步骤①～③对其中 1 个试样分级加压，直至试样湿陷变形稳定为止；在天然湿度下对另 1 个试样施加第一级压力后浸水，直至第一级压力下湿陷稳定后，再分级加压，直至试样在各级压力下浸水变形稳定为止。压力等级在 150 kPa 以内，每级增量为 25～50 kPa；在 150 kPa 以上，每级增量为 50～100 kPa。

c. 试验结束后，迅速拆除仪器各部件，取出带环刀的试样。

5. 试验结果

(1)湿陷系数按式(5-15)计算：

$$\delta_s=\frac{h_p-h_p'}{h_0} \tag{5-15}$$

式中，δ_s——湿陷系数；

h_p——在某级压力下，试样变形稳定后的高度(mm)；

h_p'——在某级压力下，试样浸水湿陷变形稳定后的高度(mm)。

(2)自重湿陷系数按(5-16)式计算：

$$\delta_{zs}=\frac{h_z-h_z'}{h_0} \tag{5-16}$$

式中，δ_{zs}——自重湿陷系数；

h_z——在饱和自重压力下，试样变形稳定后的高度(mm)；

h_z'——在饱和自重压力下，试样浸水湿陷变形稳定后的高度(mm)。

(3)溶滤变形系数按式(5-17)计算：

$$\delta_{wt}=\frac{h_p'-h_s}{h_0} \tag{5-17}$$

式中，δ_{wt}——溶滤变形系数；

h_s——在某级压力下，长期渗透而引起的溶滤变形稳定后的试样高度(mm)。

(4)某一级压力下的湿陷系数按式(5－18)计算：

$$\delta_{sp}=\frac{h_{pn}-h_{pw}}{h_0} \tag{5－18}$$

式中，δ_{sp}——某一级压力下的湿陷系数；

h_{pn}——在某一级压力下试样变形稳定后的高度(mm)；

h_{pw}——在某一级压力下试样浸水变形稳定后的高度(mm)。

(5)以压力为横坐标，湿陷系数为纵坐标，绘制压力与湿陷系数关系曲线如图5－4所示，湿陷系数为0.015所对应的压力即为湿陷起始压力。

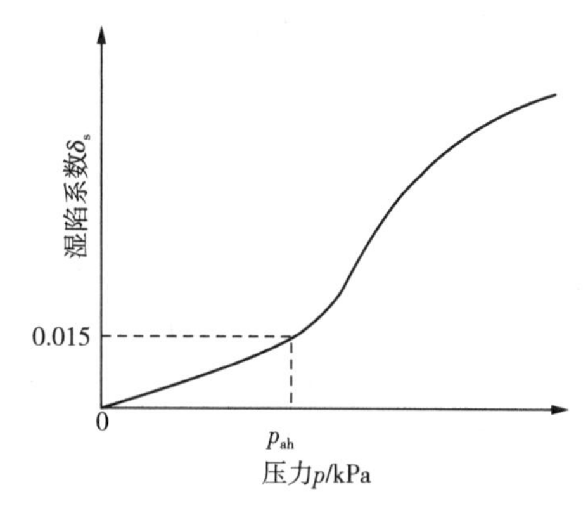

图5－4　压力与湿陷系数关系曲线

第六节　直接剪切试验

1. 试验目的

测定土的抗剪强度指标内摩擦角和黏聚力，用于计算土压力、地基承载力以及分析土坡稳定性，为设计施工提供依据。

2. 仪器设备

应变控制式直剪仪(图5－5)、位移传感器或位移计(百分表，量程5～10 mm，分度值0.01 mm)、天平(称量500 g，分度值0.1 g)、环刀(内径6.18 cm，高2 cm)、钢丝锯或修土刀和凡士林等。

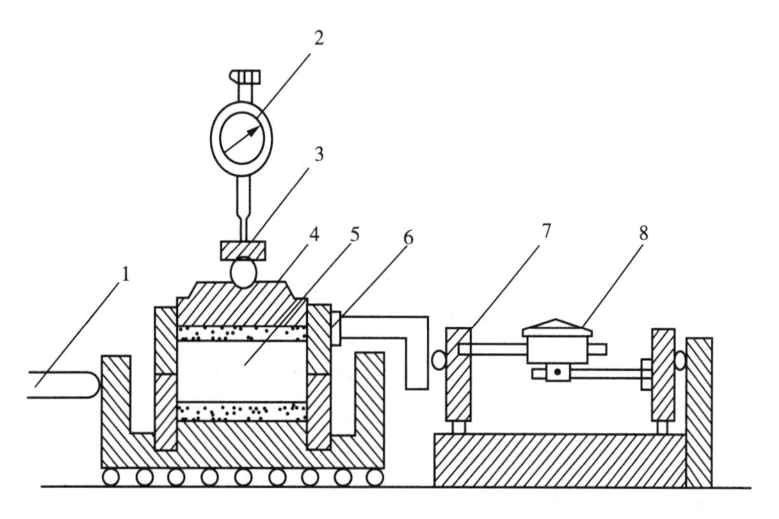

1—推动座；2—垂直位移百分表；3—垂直加荷框架；4—活塞；5—试样；6—剪切盒；7—测力计；8—测力百分表。

图5－5　应变式控制式直剪仪示意图

3. **试验原理**

不同正应力下土的抗剪强度，决定土的内摩擦角 φ 和凝聚力 C。土的抗剪强度可用库伦公式来表达，即

$$\tau_f = C + \sigma \tan\varphi \tag{5-19}$$

从库伦强度公式可以看出土的抗剪强度与作用于土体上的正应力呈线性关系，只要我们测定土体在不同正应力下的抗剪强度，绘制抗剪强度与正应力的关系线，即可从图中量取内摩擦角 φ 和凝聚力 C。直接剪切试验可分为快剪、固结快剪、慢剪三种。快剪试验和固结快剪试验的土样宜为渗透系数小于 1×10^{-6} cm/s 的细粒土。

4. **试验步骤**

(1)黏性土试样制备

① 从原状土样中切取 4 个原状土试样或制备给定干密度及含水率的扰动土试样。

② 测定试样的含水率及密度，对于试样需要饱和时，应进行抽气饱和。

(2)砂类土试样制备

① 取过 2 mm 筛孔的代表性风干砂样 1200 g 备用。按要求的干密度称取每个试样所需的风干砂量，精确至 0.1 g。

② 对准上下盒，插入固定销，将洁净的透水板放入剪切盒内。

③ 将准备好的砂样倒入剪力盒内，拂平表面，放上一块硬木块，用手轻轻敲打，使试样达到要求的干密度，然后取出硬木块。

(3)快剪试验

① 对准剪切盒的上下盒，插入固定销，在下盒内放不透水板。

② 将盛有试样的环刀平口向下对准剪切盒口，在试样顶面放不透水板，然后将试样徐徐压入盒中，移去环刀。对砂类土按照砂土类试样制备方法安装试样。

③ 转动手轮，使上盒前端钢珠刚好与负荷传感器或测力计接触，调整负荷传感器或测力计读数为零。依次加上加压盖板、钢珠、加压框架，安装垂直位移传感器或位移计，测记起始读数。

④ 根据工程实际和土的软硬程度施加各级垂直压力，垂直压力的各级差值要大致相等。也可取垂直压力分别为 100 kPa、200 kPa、300 kPa 和 400 kPa，各个垂直压力可一次轻轻施加，若土质松软，可以分级施加以防试样挤出。

⑤ 施加垂直压力后，立即拔去固定销。启动秒表，宜采用 0.8～1.2 mm/min 的速度剪切，并以每分钟 4～6 转的均匀速度旋转手轮，使试样在 3～5 min 内剪损。当剪应力的读数达到稳定或有显著后退时，表示试样已剪损，宜剪至剪切变形达到 4 mm。当剪应力读数继续增加时，剪切变形应达到 6 mm 为止，手轮每转一转，同时测记负荷传感器或测力计读数并根据需要测记垂直位移读数，直至剪损为止。

⑥ 剪切结束后，吸去剪切盒中积水，倒转手轮，移去垂直压力、框架、钢珠、加压盖板等，取出试样。需要时，测定剪切面附近土的含水率。

(4)固结快剪试验

① 对准剪切盒的上下盒，插入固定销，在下盒内放湿滤纸和透水板。

② 将盛有试样的环刀平口向下对准剪切盒口，在试样顶面放湿滤纸和透水板，然后将

试样徐徐压入盒中，移去环刀。对砂类土按照砂土类试样制备方法规定安装试样。

③ 转动手轮，使上盒前端钢珠刚好与负荷传感器或测力计接触，调整负荷传感器或测力计读数为零。依次加上加压盖板、钢珠、加压框架，安装垂直位移传感器或位移计，测记起始读数。

④ 当试样为饱和样时，在施加垂直压力 5 min 后，往剪切盒水槽内注满水；当试样为非饱和样时，仅在活塞周围包以湿棉花，防止水分蒸发。

⑤ 在试样上施加规定的垂直压力后，测记垂直变形读数。当每小时垂直变形读数变化不大于 0.005 mm 时，认为已达到固结稳定。试样也可在其他仪器上固结，然后移至剪切盒内，继续固结至稳定后，再进行剪切。剪切按快剪试验中的步骤⑤进行，剪切后取试样测定剪切面附近试样的含水率。

(5)慢剪试验

① 安装试样按照快剪试验中的步骤①～③进行，试样固结按照固结快剪试验中的步骤④～⑤步进行，剪切速率应小于 0.02 mm/min。

② 剪损标准按照快剪试验中的步骤⑤进行选取。

③ 剪切结束后，吸去剪切盒中积水，倒转手轮，移去垂直压力、框架、钢珠、加压盖板等，取出试样。需要时，测定剪切面附近土的含水率。

5. 试验结果

(1)试样的剪应力按式(5-20)计算：

$$\tau=\frac{CR}{A_0}\times 10 \tag{5-20}$$

式中，τ——剪应力(kPa)；

C——测力计率定系数(N/0.01 mm)；

R——测力计读数(0.01 mm)；

A_0—试样初始的面积(cm^2)。

(2)以剪应力为纵坐标，剪切位移为横坐标，绘制剪应力 τ 与剪切位移 ΔL 关系曲线。

(3)选取剪应力 τ 与剪切位移 ΔL 关系曲线上的峰值点或稳定值作为抗剪强度 S。当无明显峰点时，取剪切位移 $\Delta L=4$ mm 对应的剪应力作为抗剪强度 S。

(4)以抗剪强度 S 为纵坐标，垂直单位压力 p 为横坐标，绘制抗剪强度 S 与垂直压力 p 的关系曲线。根据图上各点，绘一视测的直线。直线的倾角为土的内摩擦角 φ，直线在纵坐标轴上的截距为土的黏聚力 C。

第七节　三轴压缩试验

1. 试验目的

掌握三轴仪测定抗剪强度的试验方法，测定土样在不同排水条件下的抗剪强度，为设计、施工提供依据。

2. 仪器设备

应变控制式三轴仪(图 5-6)、击实器、饱和器、承膜筒、天平(称量 200 g，分度值

0.01 g;称量 1000 g,分度值 0.1 g;称量 5000 g,分度值 1 g)、负荷传感器、位移传感器(量程30 mm,分度值 0.01 mm)、透水板和橡皮膜等。

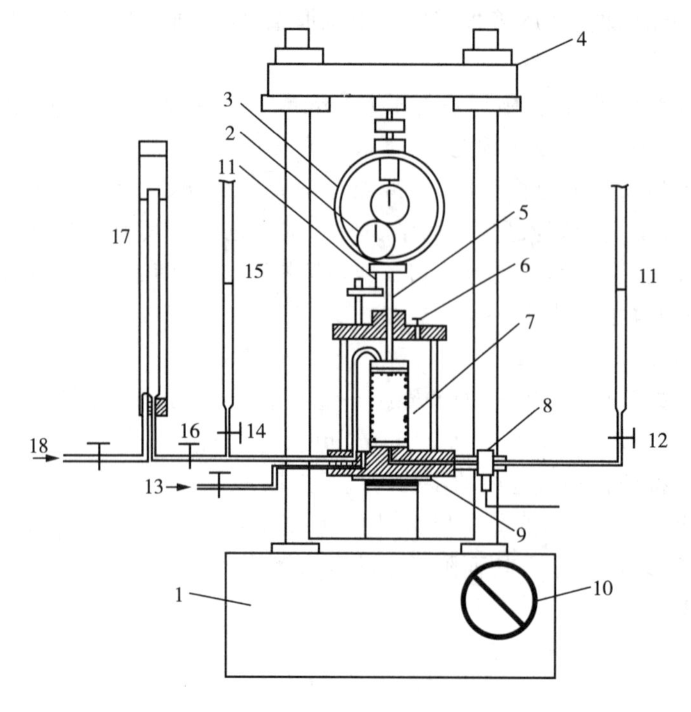

1—试验机;2—轴向位移计;3—轴向测力计;4—试验机横梁;5—活塞;6—排气孔;
7—压力室;8—孔隙压力传感器;9—升降台;10—手轮;11—排水管;12—排水管阀;13—周围压力;
14—排水管阀;15—量水管;16—体变管阀;17—体变管;18—反压力。

图 5-6　三轴仪示意图

3. 试验原理

三轴压缩试验是测定土的抗剪强度的一种方法,它通常用 3～4 个圆柱形试样,分别在不同的恒定周围压力(即小主应力σ_3)下,施加轴向压力(即主应力差$\sigma_1-\sigma_3$),进行剪切直至破坏,根据摩尔-库仑理论,求得抗剪强度参数。根据排水条件的不同可分为不固结不排水剪(UU)、固结不排水剪(CU)和固结排水剪(CD)三种试验类型。

4. 试验步骤

(1)试样制备

① 试样高度 h 与直径 D 之比应为 2.0～2.5,直径 D 分别为 39.1 mm、61.8 mm 和 101.0 mm。对于有裂隙、软弱面或构造面的试样,直径 D 宜采用 101.0 mm。

② 原状土试样制备

a. 对于较软的土样,先用钢丝锯或削土刀切取一稍大于规定尺寸的土柱,放在切土盘的上、下圆盘之间。再用钢丝据或削土刀紧靠侧板,由上往下细心切削,边切削边转动圆盘,直至土样的直径被削成规定的直径。然后按试样高度的要求,削平上下两端。对于直径为 10 cm 的软黏土土样,可先用原状土分样器分成 3 个土柱,再按上述方法切削成直径为 39.1 mm 的试样。

b. 对于较硬的土样，先用削土刀或钢丝锯切取一稍大于规定尺寸的土柱，上、下两端削平，按试样要求的层次方向放在切土架上，用切土器切削。先在切土器刀口内壁涂上一薄层油，将切土器的刀口对准土样顶面，边削土边压切土器，直至切削到比要求的试样高度高约 2 cm，然后拆开切土器，将试样取出，按要求的高度将两端削平。试样的两端面应平整，互相平行，侧面垂直，上下均匀。在切样过程中，当试样表面因遇砾石而成孔洞时，允许用切削下的余土填补。

c. 将切削好的试样称量，直径为 101.0 mm 的试样应精确至 1 g；直径为 61.8 mm 和 39.1 mm 的试样应精确至 0.1 g。取切下的余土，平行测定含水率，取其平均值作为试样的含水率。试样高度和直径用卡尺量测，试样的平均直径按式(5-21)计算：

$$D_0=\frac{D_1+2D_2+D_3}{4} \tag{5-21}$$

式中，D_0——试样平均直径(mm)；

D_1、D_2、D_3——试样上、中、下部位的直径(mm)。

d. 对于特别坚硬的土样和很不均匀的土样，当不易切成平整、均匀的圆柱体时，允许切成与规定直径接近的柱体，按所需试样高度将上下两端削平，称取质量，然后包上橡皮膜，用浮称法称量试样的质量，并换算出试样的体积和平均直径。

③ 扰动土试样制备(击实法)

a. 选取一定数量的代表性土样。直径为 39.1 mm 的试样约取 2 kg，直径为 61.8 mm 和 101.0 mm 的试样分别取 10 kg 和 20 kg。经风干、碾碎、过筛，筛的孔径应符合表 5-2 的规定，测定风干含水率，按要求的含水率算出所需的加水量。

表 5-2　土样粒径与试样直径的关系

试样直径/mm	最大允许粒径
39.1	$\frac{1}{10}D$
61.8	$\frac{1}{10}D$
101.0	$\frac{1}{5}D$

b. 将需加的水量喷洒到土料上拌匀，稍静置后装入塑料袋，然后置于密闭容器内至少 20 h，使含水率均匀。取出土料复测其含水率。含水率的最大允许差值应为±1%。当不符合要求时，调整含水率至符合要求。

c. 击样筒的内径应与试样直径相同。击锤的直径宜小于试样直径，也可采用与试样直径相等的击锤。击样筒壁在使用前应洗擦干净，涂一薄层凡士林。

d. 根据要求的干密度，称取所需质量的土。按试样高度分层击实，粉土分 3～5 层击实，黏土分 5～8 层击实。各层土料质量相等。每层击实至要求高度后，将表面刨毛，再加第 2 层土料。如此继续进行，直至击实最后一层。将击样筒中的试样两端整平，取出称其质量。

(2)试样饱和(抽气饱和法)

① 将装有试样的饱和器置于无水的抽气缸内进行抽气,当真空度接近当地 1 个大气压后应继续抽气,继续抽气时间宜符合表 5-3 的规定。

表 5-3 不同土性的抽气时间

土类	抽气时间/h
粉土	>0.5
黏土	>1
密实的黏土	>2

当抽气时间达到表 5-3 的规定后,徐徐注入清水,并保持真空度稳定。待饱和器完全被水淹没即停止抽气,并释放抽气缸的真空。试样在水下静置时间应大于 10 h,然后取出试样并称其质量。

(3)不固结不排水剪试验

① 试样安装步骤

a. 对压力室底座充水,在底座上放置不透水板,并依次放置试样、不透水板及试样帽。

b. 将橡皮膜套在承膜筒内,两端翻出筒外,从吸气孔吸气,使膜贴紧承膜筒内壁,套在试样外,放气,翻起橡皮膜的两端,取出承膜筒。用橡皮圈将橡皮膜分别扎紧在压力室底座和试样帽上。

c. 装上压力室罩。安装时应先将活塞提升,以防碰撞试样,压力室罩安放后,将活塞对准试样帽中心,并均匀地旋紧螺丝。

d. 打开排气孔,向压力室充水,当压力室内快注满水时,降低进水速度,水从排气孔溢出时,关闭排气孔。

e. 关闭体变传感器或体变管阀及孔隙压力阀,打开周围压力阀,施加所需的周围压力。周围压力大小应与工程的实际小主应力 σ_3 相适应,并尽可能使最大周围压力与土体的最大实际小主应力 σ_3 大致相等,也可按 100 kPa、200 kPa、300 kPa、400 kPa 施加。

f. 上升升降台,当轴向测力计有微读数时表示活塞已与试样帽接触。然后将轴向负荷传感器或测力计、轴向位移传感器或位移计的读数调整到零位。

② 剪切试样步骤

a. 剪切应变速率宜为每分钟 0.5%~1.0%轴向应变。

b. 开动试验机,进行剪切。开始阶段,试样每产生轴向应变 0.3%~0.4%时,测记轴向力和轴向位移读数各 1 次。当轴向应变达 3%以后,读数间隔可延长为每产生轴向应变 0.7%~0.8%时各测记 1 次。当接近峰值时应加密读数。当试样为特别硬脆或软弱土时,可加密或减少测读的次数。

c. 当出现峰值后,再继续剪切 3%~5%轴向应变;轴向力读数无明显减少时,则剪切至轴向应变达 15%~20%。

d. 试验结束后,关闭电动机,下降升降台,打开排气孔,排去压力室内的水,拆除压力室罩,擦干试样周围的余水,脱去试样外的橡皮膜,描述破坏后形状,称量试样质量,测定试验后的含水率。对于直径为 39.1 mm 的试样，宜取整个试样烘干；对于直径为 61.8 mm 和 101.0 mm 的试样，可切取剪切面附近有代表性的部分土样烘干。

(4)固结不排水剪试验

① 试样安装步骤

a. 打开孔隙压力阀及量管阀，使压力室底座充水排气，并关闭阀。然后放上试样，试样上端放一湿滤纸及透水板。在其周围贴上 7～9 条浸湿的滤纸条，滤纸条宽度为试样直径的 1/5～1/6。滤纸条两端与透水石连接，当要施加反压力饱和试样时，所贴的滤纸条必须中间断开约试样高度的 1/4，或自底部向上贴至试样高度 3/4 处。

b. 按规定方法将橡皮膜套在试样外，橡皮膜下端扎紧在压力室底座上。

c. 用软刷子或双手自下向上轻轻按压试样，以排除试样与橡皮膜之间的气泡。对于饱和软黏土，可打开孔隙压力阀及量管阀，使水徐徐流入试样与橡皮膜之间，以排除夹气，然后关闭。

d. 开排水管阀，使水从试样帽徐徐流出以排除管路中的气泡，并将试样帽置于试样顶端。排除顶端气泡，将橡皮膜扎紧在试样帽上。

e. 降低排水管，使其水面至试样中心高程以下 20～40 cm，吸出试样与橡皮膜之间多余的水分，然后关闭排水管阀。

f. 按规定方法装上压力室罩并注满水。然后放低排水管使其水面与试样中心高度齐平，测记其水面读数，并关闭排水管阀。

② 试样排水固结步骤

a. 使量管水面位于试样中心高度处，打开量管阀，测读传感器，记下孔隙压力起始读数，然后关闭量管阀。

b. 施加所需的周围压力。周围压力大小应与工程的实际小主应力 σ_3 相适应，并尽可能使最大周围压力与土体的最大实际小主应力 σ_3 大致相等；也可按 100 kPa、200 kPa、300 kPa、400 kPa 施加，并调整负荷传感器或测力计、轴向位移传感器或位移计的读数。

c. 打开孔隙压力阀，测记稳定后的孔隙压力读数，减去孔隙压力计起始读数，即为周围压力与试样的初始孔隙压力。

d. 打开排水管阀，按 0 min、0.25 min、1 min、4 min、9 min……测记排水读数及孔隙压力计读数。固结度至少应达到 95%，固结过程中可随时绘制排水量 ΔV 与时间平方根或时间对数曲线及孔隙压力消散度与时间对数曲线。若试样的主固结时间已经掌握，也可不读排水管和孔隙压力的过程读数。

e. 当要求对试样施加反压力时，按相应规定关闭体变管阀，增大周围压力，使周围压力与反压力之差等于原来选定的周围压力，记录稳定的孔隙压力读数和体变管水面读数作为固结前的起始读数。

f. 打开体变管阀，让试样通过体变管排水，并按上述步骤 b～d 进行排水固结。

g. 固结完成后，关闭排水管阀或体变管阀，记下体变管或排水管和孔隙压力的读数。开动试验机，到轴向力读数开始微动时，表示活塞已与试样接触，记下轴向位移读数，即为固结下沉量 Δh。依此算出固结后试样高度 h_c，然后将轴向力和轴向位移读数都调至零。

h. 其余几个试样按同样方法安装试样，并在不同周围压力下排水固结。

③ 剪切试样步骤

a. 剪切应变速率宜为每分钟 0.05%～0.10%轴向应变，粉土剪切应变速率宜为每分钟 0.1%～0.5%轴向应变。

b. 开始剪切试样。测力计、轴向变形、孔隙水压力的测记按上述试样排水固结步骤 c 和 d 的规定进行。

c. 试验结束后，关闭电动机，下降升降台，打开排气孔，排去压力室内的水，拆除压力室罩，擦干试样周围的余水，脱去试样外的橡皮膜，描述破坏后形状，称量试样质量，测定试验后的含水率。

(5)固结排水剪试验

① 试样的安装、固结，按固结不排水剪试验试样安装和试样排水固结步骤进行。

② 试样的剪切，按固结不排水剪试验剪切试样步骤进行，但在剪切过程中应打开排水阀。剪切速率宜为每分钟 0.003%～0.012%轴向应变。

5. 试验结果

(1)试样剪切时的面积校正按式(5－22)、式(5－23)和式(5－24)计算：

$$A_a=\frac{A_0}{1-0.01\varepsilon_1}\text{（不固结不排水剪）}\tag{5-22}$$

$$A_a=\frac{A_c}{1-0.01\varepsilon_1}\text{（固结不排水剪）}\tag{5-23}$$

$$A_a=\frac{V_c-\Delta V_i}{h_c-\Delta h_i}\text{（固结排水剪）}\tag{5-24}$$

式中，A_a——试样剪切时的面积(cm^2)；

A_0——试样剪切前的面积(cm^2)；

ε_1——轴向应变(%)；

ΔV_i——排水剪中剪切时的试样体积变化(cm^3)；

Δh_i——试样剪切时高度变化(cm)。

(2)主应力差($\sigma_1-\sigma_3$)按式(5－25)计算：

$$(\sigma_1-\sigma_3)=\frac{CR}{A_a}\times 10\tag{5-25}$$

式中，σ_1——大主应力(kPa)；

σ_3——小主应力(kPa)；

C——测力计率定系数(N/0.01 mm)；

R——测力计读数(0.01 mm)；

A_a——试样剪切时的面积(cm^2)。

(3)有效主应力比 σ_1'/σ_3'按式(5－26)计算：

$$\frac{\sigma_1'}{\sigma_3'}=\frac{(\sigma_1-\sigma_3)}{\sigma_3'}+1\tag{5-26}$$

其中 $\sigma_1'=\sigma_1-u,\sigma_3'=\sigma_3-u$

式中，σ_1'、σ_3'——有效大主应力和有效小主应力(kPa)；

σ_1、σ_3——大主应力和小主应力(kPa)；

u——孔隙水压力(kPa)。

(4)孔隙压力系数 B 和 A 按式(5-27)和式(5-28)计算：

$$B=\frac{u_0}{\sigma_3} \tag{5-27}$$

$$A=\frac{u_d}{B(\sigma_1-\sigma_3)} \tag{5-28}$$

式中，u_0——试样在周围压力下产生的初始孔隙压力(kPa)；

u_d——试样在主应力差$(\sigma_1-\sigma_3)$下产生的孔隙压力(kPa)。

(5)绘制相应关系曲线。

第六章　建筑结构试验

建筑结构试验是通过试验研究建筑结构的新材料、新体系、新工艺，检验和修正建筑结构的计算方法和设计理论，对建筑结构科学的发展起着重要的作用，是土木工程类专业重要的实践环节之一。通过本章的学习和试验，一是掌握结构试验与检测技术的基础知识和基本技能；二是能够对一般建筑结构试验与检测进行设计、组织和操作；三是培养学生对建筑结构新理论、新技术的探索精神。

第一节　电阻应变片的粘贴试验

1. 试验目的

掌握电阻应变片的选用原则和方法，学习应变片的粘贴技术和防潮层的制作。

2. 仪器设备

数字万用表、电阻应变片(图 6－1)、等强度钢梁、黏结剂(502 胶)、电烙铁、环氧树脂和聚酰胺等。

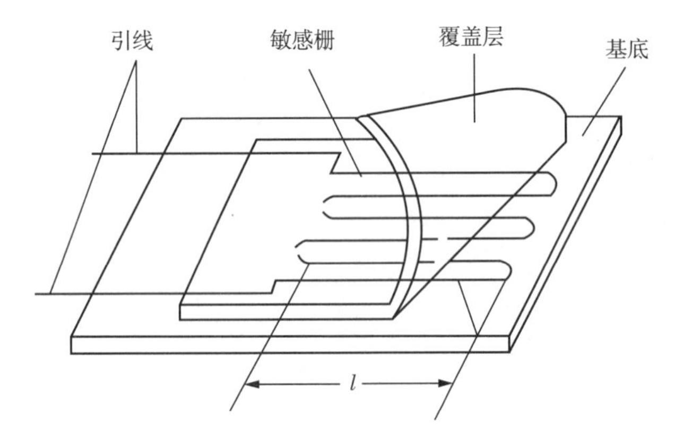

图 6－1　电阻应变片示意图

3. 试验原理

应变片一般由敏感栅(金属丝)、黏结剂、基底、引线及覆盖层五部分组成。试验时，将应变片固定在被测构件表面，金属丝随构件一起变形，其电阻值也随之发生变化，且电阻变化与构件应变有确定的线性关系。应变片有多种类型，若按敏感栅所用材料来分，有丝绕式应变片、箔式应变片和半导体应变片。前两种应变片的敏感栅是由金属丝或箔制成，可统称为金属式应变片，其工作原理是基于金属丝的电阻应变效应；半导体应变片具有一些独特的优点。

无论哪种应变片，其构成主要有基底、敏感栅和引线三大部分。引线是从敏感栅到测量导线之间的过渡部分，用以将敏感栅接入测量电路。基底用来保持敏感栅及其与引线接头部的几何形状，在应变片安装后，由它将构件变形传递给敏感栅，并在金属构件与敏感栅之间起绝缘作用。

电阻应变片的测量原理：金属丝的电阻值除了与材料的性质有关之外，还与金属丝的长度、横截面面积有关。将金属丝粘贴在构件上，当构件受力变形时，金属丝的长度和横截面面积也随着构件一起变化，进而发生电阻变化。

$$\frac{\Delta R}{R}=K\frac{\Delta L}{L}=K\varepsilon \tag{6-1}$$

式中，K——电阻应变计的灵敏系数；

ε——应变计在敏感栅栅长内沿栅长方向的平均线应变，且 $\varepsilon=\Delta L/L$。

4. 试验步骤

(1)应变片的检查

① 应变片的外观检查。要求其基底、覆盖层无破损折曲；敏感栅平直、排列整齐；无锈斑、霉点、气泡；引出线焊接牢固。可在放大镜下检查，不至于微小疵病的遗漏。

② 应变片阻值与绝缘电阻的检查。用万用表检查应变片的初始电阻值除短路、断路的应变片外，同一测区的应变片阻值之差应小于±0.5 Ω。

(2)试件表面的处理

用砂纸、锉刀等工具将试件贴片处的油污、漆层、锈迹除去，再用细砂纸打成45°交叉纹，并用棉球蘸丙酮将贴片处擦洗干净，直至棉球不变脏为止。然后在试件上用画针画出贴片的准确位置。

(3)应变片的粘贴

① 应变片粘贴，即将电阻应变片准确可靠地粘贴在试件的测点上。分别在构件预贴应变片处及电阻应变片底面涂上一薄层胶水(如502胶)，将应变片准确地贴在预定的画线部位，垫上玻璃纸，以防胶水黏在手指上；然后用拇指沿一方向轻轻滚压，挤去多余胶水和胶层的气泡；用手指按住应变片1～2 min，待胶水初步固化后，即可松手。粘贴好的应变片应位置准确，胶层薄而均匀，密实而无气泡。

② 粘贴好应变片后，轻轻将应变片的两根引线从试件表面轻轻拨离，用502胶将接线端子紧贴应变片基底的边缘粘贴牢固。用电烙铁将接线端子挂锡，将应变片的引出线与接线端子焊接牢固，并剪掉多余的引出线。

(4)应变片粘贴后的检查

① 观察粘贴层是否存在气泡，应变片的粘贴方向与应变测量方向是否一致。若粘贴层存在气泡，应将应变片剔除重贴，若方向误差过大也应重新粘贴。

② 将万用表拨至电阻挡，选择与应变片阻值相适应的电阻挡，测量应变片的电阻阻值。如果测量的阻值与应变片的原电阻阻值相差较大，则视为不合格，需铲除重新粘贴。电阻阻值检验合格，还应检验应变片敏感栅与试件之间的绝缘电阻，可以利用绝缘电阻表(兆欧表)或数字式万用表的100 MΩ挡进行测量，测量到的绝缘电阻阻值大于20 MΩ视为合格，否则应将应变片铲除重贴。

(5)制作防潮层

用环氧树脂和聚酰胺按比例调和为防潮剂，涂在应变片上(包括引线的裸露部分)封固防潮，再用万用表检查一遍，24 h 后防潮剂固化。

5. 试验报告

(1)记述应变片的筛选过程。

(2)记述应变片的粘贴过程。

(3)记录或分析应变片粘贴不合格的现象、原因及所应采取的处理措施。

第二节　静态电阻应变仪操作试验

1. 试验目的

熟练静态电阻应变仪的调试和操作方法，掌握静态电阻应变仪测量的基本原理，熟悉电阻应变片半桥、全桥应变测量的接线方法，了解不同桥路接线方式的工作特点。

2. 仪器设备

静态电阻应变仪、贴有应变片的等强度梁、温度补偿块及温度补偿片等。

3. 试验原理

根据基尔霍夫定律，输出电压 U_{BD} 与输入电压 U 的关系式可写为

$$U_{BD}=\frac{KU}{4}(\varepsilon_1-\varepsilon_2+\varepsilon_3-\varepsilon_4) \tag{6-2}$$

静态电阻应变仪上我们直接可以读出的数值为视应变 $\varepsilon_{仪}$，它与各桥臂应变片应变值的关系式可写为

$$\varepsilon_{仪}=\varepsilon_1-\varepsilon_2+\varepsilon_3-\varepsilon_4 \tag{6-3}$$

(1)半桥接线与测量

① 单补

如果应变片 R_1 接静态电阻应变仪 AB 接线柱，温度补偿片 R_2 接静态电阻应变仪 BC 接线柱，则构成外半桥(图 6-2)。内半桥由应变仪内部两个无感绕线电阻构成。应变仪读数为

$$\varepsilon_{仪}=\varepsilon_1$$

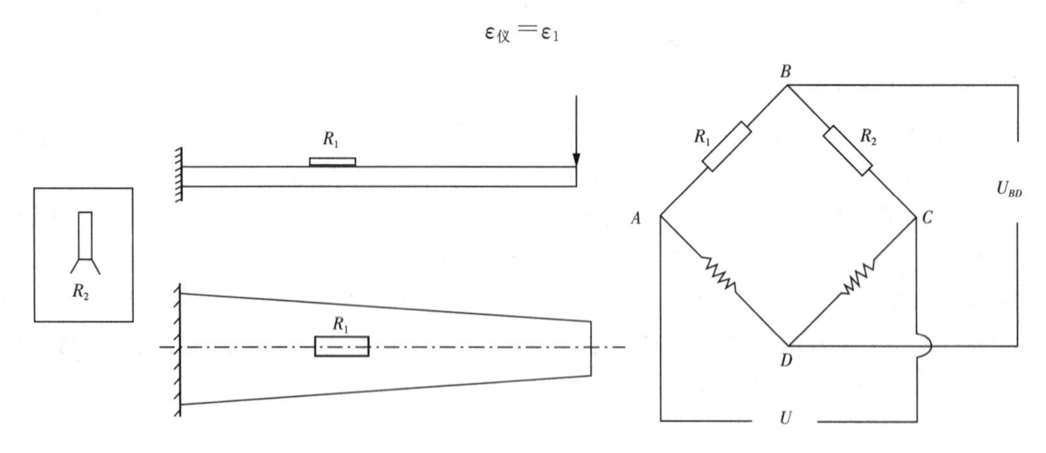

图 6-2　弯曲应变半桥单补偿接线与测量

② 互补

若梁上同一截面处的受压区和受拉区贴应变片 R_1 和 R_2 分别接于 AB 和 BC 接线柱，则构成外半桥（图 6－3），两电阻应变片既属于测量片又互为补偿，应变仪读数为

$$\varepsilon_{仪}=\varepsilon_1-\varepsilon_2=2\varepsilon_1 \tag{6-4}$$

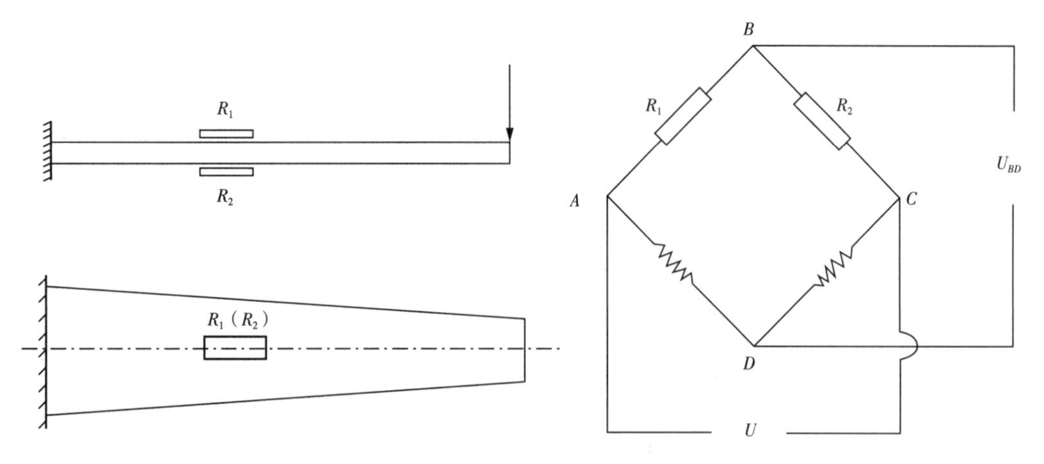

图 6－3　弯曲应变半桥互补偿接线与测量

（2）全桥接线与测量

① 单补

若梁上同一截面的受压区贴片 R_1 和 R_3 分别接于 AB 和 CD 接线柱，温度补偿片 R_2 和 R_4 分别接于 BC 和 AD 接线柱，构成全桥（图 6－4），应变仪读数为

$$\varepsilon_{仪}=\varepsilon_1+\varepsilon_3=2\varepsilon_1 \tag{6-5}$$

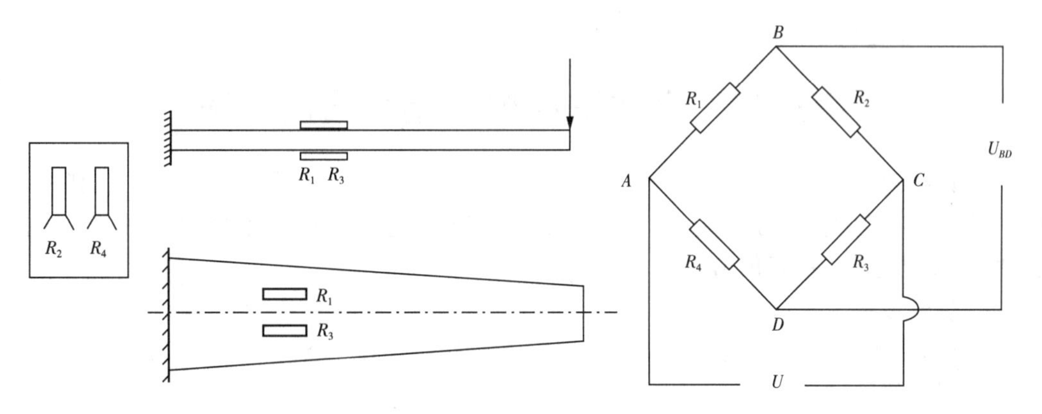

图 6－4　弯曲应变全桥单补偿接线与测量

② 互补

若梁上同一截面的压区应变片 R_1 和 R_3 分别接于 AB 和 CD 接线柱，而拉区贴应变片 R_2 和 R_4 分别接于 BC 和 AD 接线柱，构成全桥（图 6－5），应变仪读数为

$$\varepsilon_{仪}=\varepsilon_1-\varepsilon_2+\varepsilon_3-\varepsilon_4=4\varepsilon_1 \tag{6-6}$$

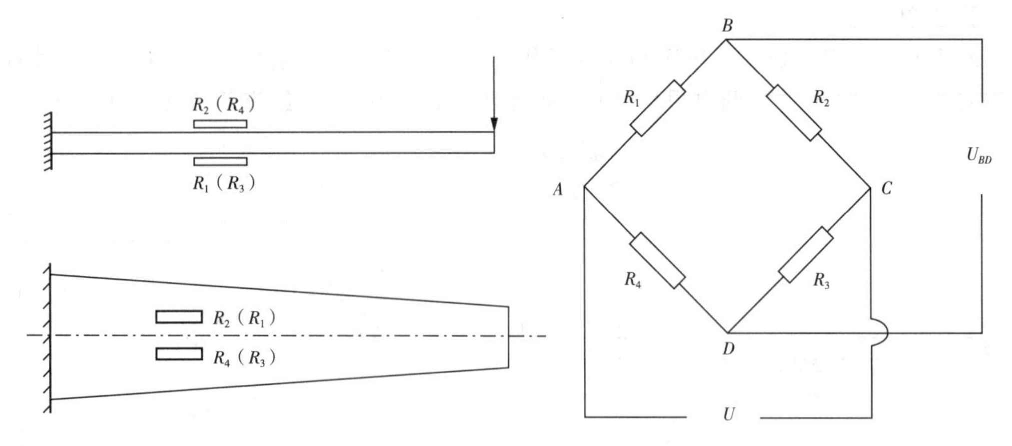

图 6-5　弯曲应变全桥互补偿接线与测量

4. 试验步骤

(1)按上述接桥方法分别接通桥路。

(2)将静态电阻应变仪预调平衡,调好初始读数。

(3)试验前,先进行 1～3 级预加荷载试验。(通过预加载试验检查仪器和装置,并在正式试验前注意解决所发现的问题)

(4)正式试验,逐级加载记取读数,共 5 级,重复 3 次。

(5)测定计算等强度梁弯曲应力理论值时所需要的有关数据。

5. 试验报告

(1)按试验要求整理出各种测量数据,并做电阻应变仪按半桥和全桥接线测量试验结果的分析和比较。

(2)讨论不同桥路接法的优缺点。

(3)对理论值和试验值进行分析比较。

第三节　回弹法检测混凝土强度试验

1. 试验目的

熟悉回弹仪的使用方法,掌握混凝土碳化深度的测定及回弹法检测混凝土强度的基本方法,以推定混凝土的强度值。

2. 仪器设备

回弹仪(图 6-6)、碳化深度测定仪、质量分数为 1%的酚酞酒精溶液、钢钻和铁锤等。

3. 试验原理

回弹法检测混凝土强度是利用回弹仪弹击混凝土表面,测定回弹值,以回弹值及混凝土表面碳化深度,来推定混凝土强度的一种非破坏检测方法。

回弹仪是利用弹簧驱动的弹力锤,通过弹击杆弹击混凝土表面,所产生的瞬时弹性变形恢复力,使弹击锤带动指针弹回并指示出回弹的距离,以回弹值(弹回的距离与冲击前弹击锤与弹击杆的距离之比,按百分比计算)作为混凝土抗压强度相关的指标之一,来推定混凝土的强度值。

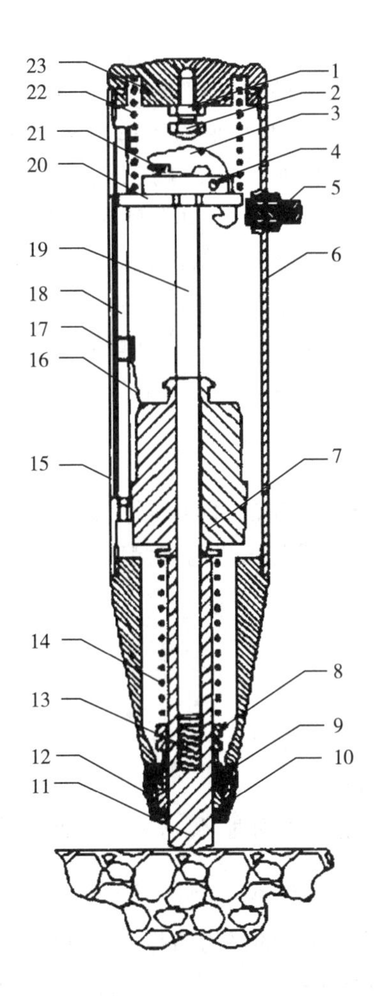

1—紧固螺母;2—调零螺钉;3—挂钩;4—挂钩圆柱销;5—按钮;6—机壳;7—弹击锤;8—拉簧座;
9—卡环;10—密封圈;11—弹击杆;12—前盖;13—缓冲压簧;14—弹击拉簧;15—刻度尺;16—指针片;
17—指针块;18—指针轴;19—中心导杆;20—导向法兰;21—挂钩压簧;22—压簧;23—尾盖。

图 6-6　回弹仪

4. 试验步骤

(1)回弹值测定

① 选择试验用钢筋混凝土构件平面尺寸较大的面作为测试面,用粉笔在测试面上画线,均匀布置 10 个测区,测区面积不宜大于 0.04 m^2,表面应清洁、平整,无疏松层、蜂窝等。对某一方向尺寸小于 4.5 m 且另一个方向尺寸小于 0.3 m 的构件,其测区数量可适当减少,但不应少于 5 个。相邻两测区间距应在 2 m 以内,测区离构件端部不宜大于 0.5 m,且不小于 1.2 m。

② 测试时,回弹仪与测试面应保持垂直,操作应缓慢施压、正确读数、快速复位。每测区有 16 个测点,采用 4×4 方式均匀分布,测点的间距不小于 3 cm,最外侧测点距离边缘大于 2 cm。同一测点只能弹击 1 次,应避免弹击在气孔或外露石子上。每一测点的回弹值读数应精确至 1。

(2)碳化深度测定

回弹值测定完毕后，在有代表性的测区用碳化深度测定仪测量混凝土的碳化深度，测点数不应少于构件测区数的30%，应取其平均值作为该构件每个测区的碳化深度值。当碳化深度值极差大于2.0 mm时，应在每一个测区分别测量碳化深度值。也可采用钢钻和铁锤在测区表面形成直径约15 mm的孔洞，其深度应大于混凝土的碳化深度，清除孔洞中的粉末和碎屑，用质量分数为1%的酚酞酒精溶液滴在孔洞内壁的边缘处，当已碳化与未碳化界线清晰时(未发生碳化的混凝土变为紫色)，应采用碳化深度测量仪测量已碳化与未碳化混凝土交界面到混凝土表面的垂直距离，并应测量3次，每次读数应精确至0.25 mm；应取3次测量的平均值作为检测结果，并应精确至0.5 mm。

5. 试验结果

(1)回弹值计算

① 计算测区平均回弹值，从测区所测得的16个回弹值中，去掉较大的3个值和较小的3个值，再以剩余的10个回弹值的平均值作为该测区平均回弹值 R_m，按(6-7)式计算：

$$R_m = \frac{\sum_{i=1}^{10} R_i}{10} \tag{6-7}$$

式中，R_m—— 测区平均回弹值，精确至0.1；

R_i—— 第 i 个测点的回弹值。

② 非水平方向检测混凝土浇筑侧面时，测区的平均回弹值按式(6-8)修正：

$$R_m = R_{m\alpha} + R_{a\alpha} \tag{6-8}$$

式中，$R_{m\alpha}$—— 非水平方向检测时测区的平均回弹值，精确至0.1；

$R_{a\alpha}$—— 非水平方向检测时回弹值修正值，查规程(JGJ/T23—2011)取值。

③ 水平方向检测混凝土浇筑表面或浇筑底面时，测区的平均回弹值按式(6-9)和式(6-10)修正：

$$R_m = R_m^t + R_a^t \tag{6-9}$$

$$R_m = R_m^b + R_a^b \tag{6-10}$$

式中，R_m^t、R_m^b—— 水平方向检测混凝土浇筑表面、底面时，测区的平均回弹值，精确至0.1；

R_a^t、$R_{m\alpha}^b$—— 混凝土浇筑表面、底面回弹值的修正值，查规程(JGJ/T23—2011)取值。

④ 当回弹仪为非水平方向且测试面为混凝土的非浇筑侧面时，应先对回弹值进行角度修正，并应对修正后的回弹值进行浇筑面修正。

(2) 混凝土强度计算

① 结构或构件第 i 个测区混凝土强度换算值，根据测区平均回弹值 R_m 和平均碳化深度 d_m 查表或按选定的测强曲线计算测区混凝土强度换算值 $f_{cu,i}$。测强曲线参见规程(JGJ/T23—2011)。

② 结构或构件的测区混凝土强度平均值，根据各测区的混凝土强度换算值计算。当测区数为10个及以上时，还应计算强度标准差。平均值和标准差按式(6-11)和式(6-12)

计算：

$$m_{f_{cu}^{c}}=\frac{\sum_{i=1}^{n}f_{cu,i}^{c}}{n} \tag{6-11}$$

$$S_{f_{cu}^{c}}=\sqrt{\frac{\sum_{i=1}^{n}(f_{cu,i}^{c})^{2}-n(m_{f_{cu}^{c}})^{2}}{n-1}} \tag{6-12}$$

式中，$m_{f_{cu}^{c}}$—— 构件测区混凝土强度换算值的平均值(MPa)，精确至 0.1 MPa。

$S_{f_{cu}^{c}}$—— 构件测区混凝土强度换算值的标准差(MPa)，精确至 0.01 MPa。

n—— 对于单个检测的构件，取一个构件的测区数；对批量检测的构件，取被抽检构件测区数之和。

③ 结构或构件的混凝土强度推定值($f_{cu,e}$)的确定。

a. 当该结构或构件测区数少于 10 个时：

$$f_{cu,e}=f_{cu,min}^{c} \tag{6-13}$$

式中，$f_{cu,min}^{c}$—— 构件中最小的测区混凝土强度换算值。

b. 当该结构或构件的测区强度值中出现小于 10.0 MPa 时：

$$f_{cu,e}<10.0\ \text{MPa} \tag{6-14}$$

c. 当结构或构件测区数不少于 10 个或按批量检测时：

$$f_{cu,e}=mf_{cu}^{c}-1.645S_{f_{cu}^{c}} \tag{6-15}$$

第四节 钢筋混凝土简支梁正截面受弯性能试验

1. 试验目的

掌握制定结构构件试验方案的原则，设计简支梁的加载方案和观测方案，根据试验量程精度要求选择试验设备和测量仪表；观察钢筋混凝土简支梁从开裂、受拉钢筋屈服、受压区混凝土被压碎的三个阶段，掌握适筋梁受弯破坏各临界状态截面的应力-应变曲线的特点；掌握评定构件质量的一般方法，对试验梁在使用荷载作用下的强度、刚度和裂缝宽度作出技术结论。

2. 仪器设备

YJ－ⅡD－3 型结构力学组合试验装置(由加载装置、传感器、数据采集和分析部分组成)、钢直尺、卷尺、裂缝观察镜和裂缝观测仪等。

3. 试验原理

(1)根据梁正截面受压区相对高度 ξ 和界限受压区相对高度 ξ_b 的比较可判断出受弯构件的类型：$\xi\leqslant\xi_b$ 为适筋梁，$\xi>\xi_b$ 为超筋梁。界限受压区相对高度 ξ_b 按式(6－16)计算：

$$\xi_b=\frac{0.8}{1+\frac{f_y}{0.0033E_s}} \tag{6-16}$$

式中，ξ_b——界限受压区相对高度(mm)；

f_y——钢筋屈服强度(N/mm^2)；

E_s——钢筋弹性模量(N/mm^2)。

对于少筋梁，设计试件配筋时，需要控制梁受拉钢筋配筋率 ρ 不大于适筋梁的最小配筋率 ρ_{min}，其中 ρ_{min} 按式(6－17)计算：

$$\rho_{min}=0.45\frac{f_t}{f_y} \tag{6-17}$$

(2)试件各加载荷载的估算，包括开裂弯矩、屈服弯矩、极限弯矩的估算。

① 开裂弯矩估算

$$M_{cr}=0.292(1+2.5\alpha_A)f_{tk}bh^2 \tag{6-18}$$

其中
$$\alpha_A=\frac{2\alpha_E A_s}{bh},\alpha_E=\frac{E_s}{E_c}$$

② 屈服弯矩估算

作为估算，可假定钢筋屈服时，受压区混凝土的应力为线性分布，因此有

$$M_y=f_yA_s\left(h_0-\frac{x_n}{3}\right)\approx 0.9M_u \tag{6-19}$$

③ 极限弯矩估算

对于适筋梁

$$\xi=\frac{f_{yk}A_s}{\alpha_1 f_{ck}bh_0}$$

$$M_u=\alpha_1 f_{ck}bh_0^2\xi(1-0.5\xi) \tag{6-20}$$

对于超筋梁：

$$\xi=\frac{0.8f_{ky}A_s}{\alpha_1 f_{ck}bh_0(0.8-\xi_b)+f_{yk}A_s},\sigma_s=f_{yk}\frac{\xi-0.8}{\xi_b-0.8}$$

$$M_u=\alpha_1 f_{ck}bh_0^2\xi(1-0.5\xi)=\sigma_sA_sh_0(1-0.5\xi) \tag{6-21}$$

对于少筋梁：

$$M_u\approx M_{cr} \tag{6-22}$$

4. 试验方案

(1)钢筋混凝土试验梁尺寸(矩形截面)：$b\times h\times l=120\ mm\times 200\ mm\times 2000\ mm$，混凝土强度等级为 C20，纵向受拉钢筋对适筋梁和超筋梁采用 HRB335，少筋梁采用 HPB300，箍筋采用 HPB300，其中纯弯段内无箍筋，纵向钢筋混凝土保护层厚度 15 mm。具体参数见表 6－1 所列，配筋如图 6－7 所示。

表 6-1　混凝土受弯梁主要参数

试件编号	试件特征	分配梁跨度 a/mm	配筋情况(纯弯段无上部钢筋)			预估荷载 P/kN		
			下部钢筋	上部钢筋	箍筋	P_{cr}	P_y	P_u
MLA	适筋梁	600	2⌀14	2ϕ6	ϕ8@50(2)	10.5	41.4	46.0
MLB	超筋梁	600	2⌀22	2ϕ6	ϕ8@50(2)	15.3	—	71.9
MLC	少筋梁	600	2ϕ6	2ϕ6	ϕ6@100(2)	7.5	—	7.5

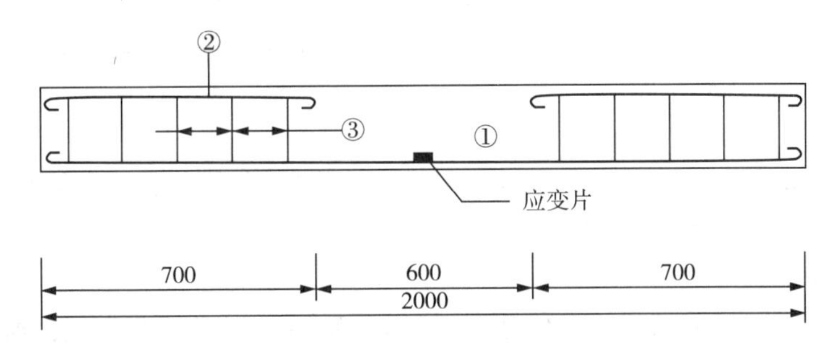

图 6-7　简支梁结构图(单位:mm)

(2)加载方案

① 利用台上液压设备和荷载分配梁系统,对梁施加荷载,加载装置图如图 6-8 所示。

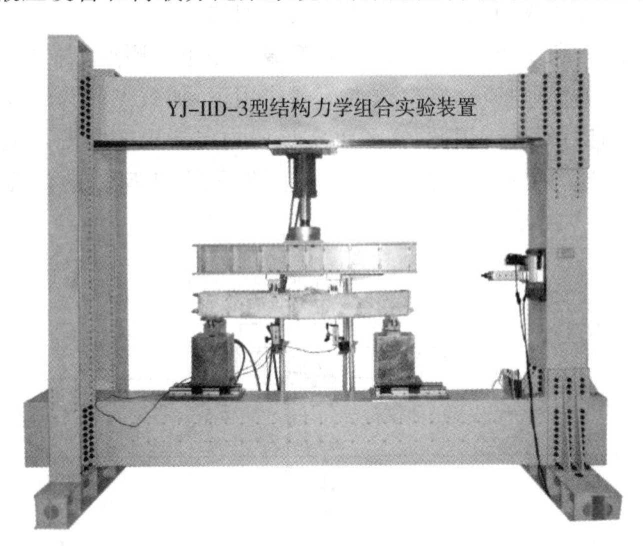

图 6-8　加载装置图

② 梁受弯试验采用单调分级加载,每次加载时间间隔为 2~3 min。在正式加载前,为检查仪器仪表读数是否正常,需要预加载,预加载所用的荷载是分级荷载的前 2 级。

对于适筋梁,在加载到开裂试验荷载计算值的 90%以前,每级荷载不宜大于开裂荷载计算值的 20%;达到开裂试验荷载计算值的 90%以后,每级荷载值不宜大于其荷载值的 5%;当试件开裂后,每级荷载值取 10%的承载力试验荷载计算值(P_u)的级距;当加载达到纵向受拉钢筋屈服后,按跨中位移控制加载,加载的级距为钢筋屈服工况对应的跨中位移;

加载到临近破坏前，拆除所有仪表，然后加载至破坏。

对于超筋梁，在加载到开裂试验荷载计算值的90%以前，每级荷载不宜大于开裂荷载计算值的20%；达到开裂试验荷载计算值的90%以后，每级荷载值不宜大于其荷载值的5%；当试件开裂后，每级荷载值取10%的承载力试验荷载计算值(P_u)的级距；在加载达到承载力试验荷载计算值的90%以后，每级荷载值不宜大于开裂试验荷载值的5%；加载到临近破坏前，拆除所有仪表，然后加载至破坏。

对于少筋梁，在加载到开裂试验荷载计算值的90%以前，每级荷载不宜大于开裂荷载计算值的20%；达到开裂试验荷载计算值的90%以后，每级荷载值不宜大于其荷载值的5%；少筋梁的开裂荷载和破坏荷载接近，而且表现为脆性破坏，注意加载过程的安全防护。

(3)测量内容及测试方案

① 测量内容

测量内容主要有各级荷载下支座沉陷与跨中的位移，各级荷载下主筋跨中的拉应变及混凝土受压边缘的压应变，混凝土平均应变，裂缝。

② 测试方案

安装在油缸活塞杆端部的拉力传感器、压力传感器可以直接测量试件所受到的荷载，通过计算可以得到梁各部分的内力，变形通过安装在实验梁相应部位的位移传感器测量，钢筋的应力通过粘贴在钢筋侧面的电阻应变片测量，为便于不同位置处钢筋应变的比较采用共用补偿片的测量方式。数据采集分析系统能够实时记录试件所受的荷载及试件不同位置处的变形、应变，并生成力与变形、应变的实时曲线。

根据简支梁的内力和变形，一般应在最危险截面处布置测点。根据三分点荷载简支梁的受力特征及受力后的变形特征，在三分点荷载作用下，加载点间为纯弯段，该段内梁的应力最大，各截面最大应力相等。因此，需要测定该段内混凝土的应变及钢筋的应力，同时需要测定跨中和加载点处的位移。考虑支座处可能有下沉，支座处的位移也应该进行测量。测点布置方案如图6-9所示。

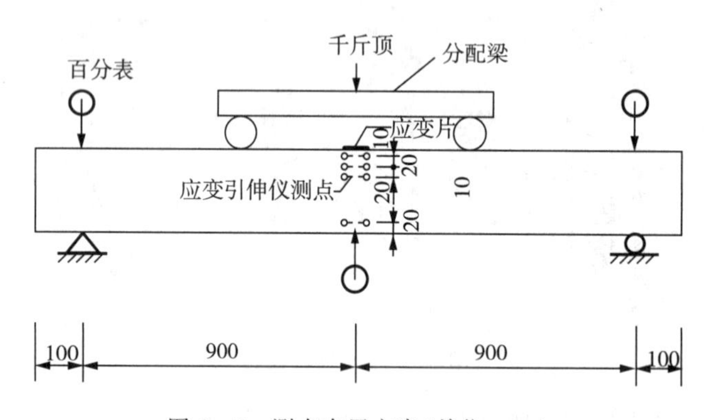

图6-9　测点布置方案(单位：mm)

5. 试验步骤

(1)按照加载方案配备加载设备，试件就位并安装及固定加载系统。

(2)按照观测方案，安装、调试全部测试仪器、仪表。

(3)将各测点进行编号，并记录试件原始缺陷或裂缝等与内力有关的问题。

(4)预加载后统一读取初读数再按加载方案进行加载试验，每加一级荷载均应读取相应的数据，观察构件变形和裂缝开展情况。

(5)试验期间和试验完毕应描绘试验破坏特征图，包括裂缝出现的时间、位置、宽度以及破坏特征等。

(6)试验完毕应卸去荷载、拆除仪表、关闭仪器并清理试验现场。

6. 试验结果

数据采集分析系统实时记录试件所受的力、各个位置的挠度、混凝土不同位置的平均应变及钢筋的应变，并生成力、挠度、应变实时曲线及力与挠度的 $X-Y$ 曲线、力与应变的 $X-Y$ 曲线，两个 $X-Y$ 曲线可以清晰地区分不同配筋的试验梁在不同加载阶段受力状态的变化。得到相关数据后，依据试验原理，就可以得到我们所需要的试验结论。

第五节 螺栓球节点钢桁架结构静载试验

1. 试验目的

掌握理想桁架结构在结点荷载作用下的内力传递规律，认识零杆；了解工程结构中球节点的力学性质；了解结构试验中固定铰支座与滑动铰支座的实现方法及布置准则。

2. 仪器设备

YJ－Ⅲ－D 型结构力学组合试验装置(由加载装置、传感器、数据采集和分析部分组成)、钢桁架、百分表、磁性表座和游标卡尺等。

3. 试验原理

桁架由直杆组成，所有的结点均为铰结点。当荷载作用于结点上时，各杆内力主要为轴力，截面上的应力基本上均匀分布，铰结点传力不传弯矩。相对于承受轴力，桁架杆件承受弯矩的能力较弱，因此适用于荷载类型为结点荷载(结点拉压力，下同)的结构。实际工程中理想的桁架是不存在的，人们把一些受力和变形特征较为接近桁架特征的结构类型都习惯称为桁架，如钢屋架、钢架桥梁、输电线路铁塔、塔式起重机机架等。

给一个四跨梯形桁架施加竖向荷载(图 6－10)。根据桁架结构的内力计算可知，该结构的内力对称，且对称轴上的竖腹杆为零杆。试验时选择测量典型杆件的内力测试来验证上述内力传递规律。

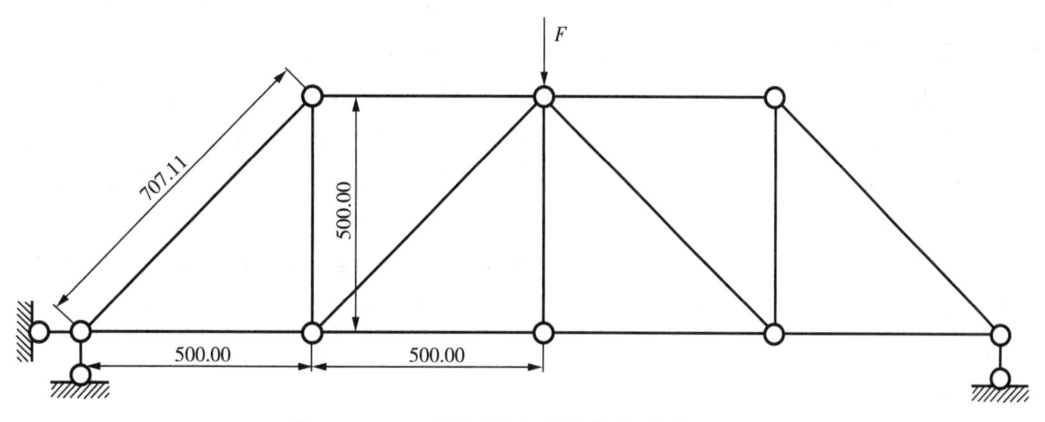

图 6－10 四跨梯形桁架计算简图(单位：mm)

4. **加载方案**

该试验在 YJ-Ⅲ-D 型结构力学组合试验装置上进行，采用螺栓球节点桁架试验模型，通过液压油缸手动多组分级施加竖向荷载，荷载的大小通过拉压力传感器测量，杆件的轴力及不同位置弯矩通过粘贴在杆件不同部位的应变片来测量，螺栓球节点桁架的变形通过安装在支座和跨中的位移传感器测量，螺栓球节点钢桁架竖向加载测试试验装置如图 6-11 所示。

图 6-11　螺栓球节点钢桁架竖向加载测试试验装置

5. **试验步骤**

(1)试验准备。收集钢桁架的设计参数，包括钢管的型号、材质、单位长度重量、内外直径、弹性模量、桁架的各尺寸等，同时收集荷载传感器的灵敏度系数及电阻应变片的粘贴位置、阻值、灵敏度系数和导线电阻等。

(2)安装试验模型及加载装置。调整各个支墩至安装位置，并将正交铰支座安装在支墩的相应位置，然后将钢桁架安装在正交支座的相应位置，通过手动泵调整油缸活塞杆至合适位置。

(3)连接测试线路、设置测试参数及测试窗口等。

(4)预加载。在进行正式试验之前，首先要进行预加载，以确保试验设备和数据采集分析系统均能正常工作。一般取预估荷载的 10%作为预加荷载，观察分析试验数据，检查试验装置仪表是否工作正常，然后卸载。如有问题，要把发现的问题及时解决排除。

(5)加载测试。正式加载前先将仪表重新调零，记录初读数，做好记录和描绘试验曲线准备。正式加载，采用 5 级加载，每级按实验指导教师确定的荷载施加，每级持载停歇时间为 5 min，停歇结束前读数。满载后分两级卸载，并记下读数。正式试验重复 2 次。

(6)试验数据分析。设置荷载-应变 $X-Y$ 曲线，以观测数据的线性及重复性。数据应该为线性的且有较好的重复性。将测得的数据与计算的数据相比较，分析试验误差的大小及来源。

6. **试验报告**

(1)计算出各块表的累计读数值。

(2)计算各杆件的实测内力值及理论内力值，并进行对比，计算相对误差。

(3)画出下弦杆中间节点的荷载-挠度曲线。

(4)具体分析试验结果与理论值误差产生的原因。

(5)根据试验结果综合分析,对桁架的工作状态作出评价。

第六节　超声波法检测混凝土裂缝深度

1. 试验目的

了解超声波无损检测的原理,掌握利用超声波法检测混凝土裂缝深度的方法,测试实际混凝土构件裂缝并进行评定。

2. 仪器设备

非金属材料超声波检测仪、直尺、环氧树脂胶和脱模剂等。

3. 试验准备

准备具有裂缝的混凝土试件 1 件,试件尺寸如图 6-12 所示,图中 h 表示裂缝深度。试件的制作方法如下:

(1)利用厚度为 1～2 mm 的薄钢板(尺寸为 250 mm×350 mm)制作成裂缝模型,在钢板的两个侧面均匀涂抹一薄层脱模剂(黄油)。

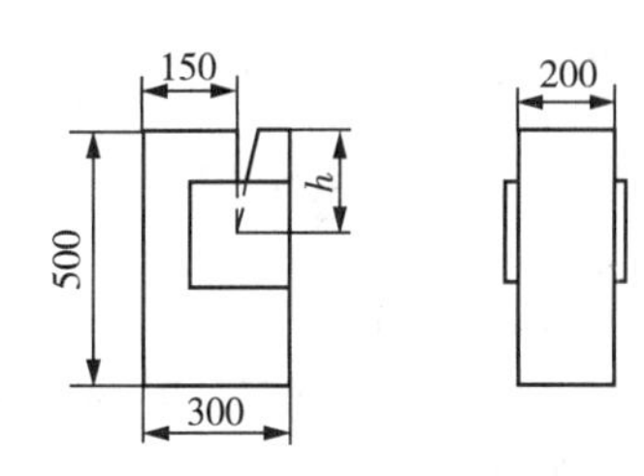

图 6-12　裂缝试件试模(单位:mm)

(2)制作混凝土试件的木模型,并将裂缝模型按一定的裂缝深度牢固固定在木模型上,然后浇筑混凝土。养护期间应加强养护,绝不允许再产生其他裂缝。龄期超过 28 d 方可进行试验。

(3)待混凝土试件制成后,用三合板和环氧树脂胶将裂缝尖端处封固,避免试验时用直尺直接量测裂缝深度。

4. 试验步骤

(1)用直尺在混凝土裂缝试件上的裂缝两侧面,各画一条直线与其上表面平行,且距上表面的距离为 H,过画出直线的中点垂直于上表面作直线,两个中点分别为 A_1 和 B_1。

(2)过无裂缝处,做平行于上表面的截面与两垂线相交的点为 A_2 和 B_2。

(3)辐射换能器 A 和接收换能器 B 的测量位置 A_1、A_2、B_1、B_2,如图 6-13 所示,同时测量两换能器之间的距离 A_1B_1 和 A_2B_2。

(4)在测点 A_1、B_1、A_2、B_2 处涂抹耦合剂(黄油),将辐射换能器和接收换能器的中心分别对准 A_1 和 B_1 测点,并使两换能器紧靠混凝土试件表面。

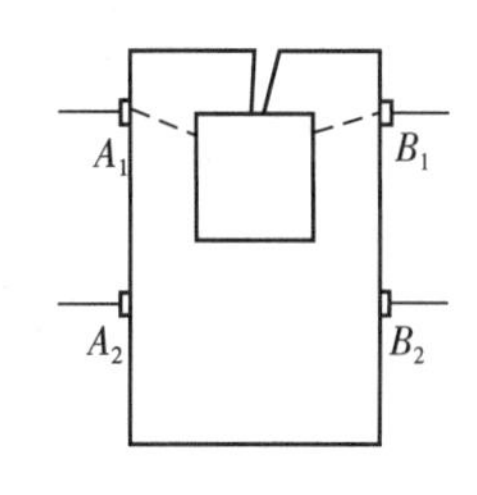

图 6-13　超声波探头测量位置示意图

(5)根据 A_1B_1 间距离的测量值调整超声检测仪的测距、衰减,然后测量 A_1B_1 间距离 L_1 的声时 3 次,再计算声时测量值的平均值 T_1。T_1 为 A_1B_1 距离间超声传播所用的时间。

(6)用同样的方法测量 A_2B_2 间距离 L_2 的声时 3 次,计算声时测量值的平均值 T_2。T_2 为 A_2B_2 距离间超声传播所用的时间。

(7)利用下式计算裂缝的深度

$$HL_i = H + \frac{L_2}{2}\sqrt{\left(\frac{T_1}{T_2}\right)^2 - 1} \quad (6-23)$$

(8)重新设置 H、A_1、B_1、A_2 和 B_2 的值，再进行两次试验。

(9)取 3 次 HL_i(i=1,2,3)的平均值作为裂缝深度 HL 的测量值。

(10)将封住裂缝尖端的三合板打掉，用直尺直接测量裂缝的深度 HL_0，计算超声法测量裂缝深度的相对误差。

$$\eta = \frac{HL_0 - HL}{HL_0} \times 100\% \quad (6-24)$$

(11)误差分析：在两次测量中，超声波传播的途径不尽相同，所测得的混凝土强度必然存在差异，混凝土强度的差异造成超声波在混凝土中的波速不同。所以测量的声时 T_1 和 T_2 会存在差异；使用直尺测量 H 和 L_2 时也会产生误差。

5. 试验报告

简述超声波法检测混凝土试件裂缝深度的试验操作过程。

第七节　模型钢框架动力特性测定试验

1. 试验目的

熟练激振设备的操作，掌握使结构产生强迫振动的方法，熟悉测定强迫振动振动参数(位移、频率)的方法，了解利用共振法测量结构动力特性的方法。

2. 仪器设备

电磁激振台、加速度计、动态数据采集仪或电荷放大器和记录仪等。

3. 试件准备

(1)试件：三层钢框架模型(图 6-14)的立柱是 4 根 3 mm×300 mm×900 mm 的扁钢；横梁是 3 根 I10×1400 热轧轻型工字钢；底座是热轧槽钢，预先打出 ϕ10 孔 4 个；整个结构全部焊接。

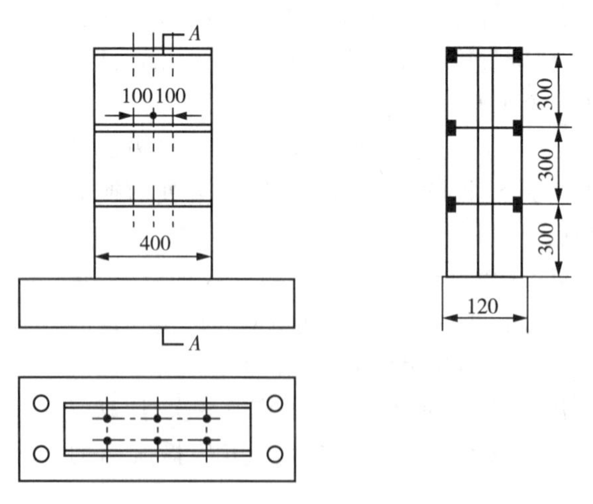

图 6-14　钢框架模型结构图(单位：mm)

(2)配重:试验用配重采用热轧扁钢 6 块,尺寸为 50 mm×95 mm×350 mm,用螺栓固定于工字钢上。

4. 试验方案

将试验模型固定在电磁振动台上,将仪表按照图 6-15 连接,仔细检查仪表是否安装正确。

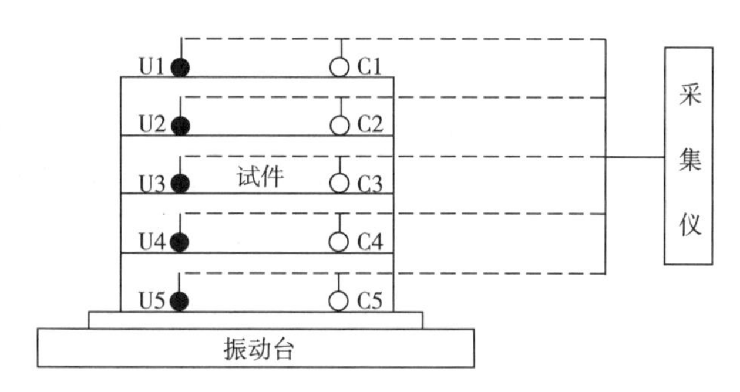

U1、U2、U3、U4、U5—压阻式加速度传感器;C1、C2、C3、C4、C5—差容式加速度传感器。

图 6-15 试件及仪表安装图

5. 试验准备

(1)预先将试件安装在振动台上,试验指导人员应仔细检查试验模型固定是否牢固。

(2)安装并调整全部仪器、设备。

6. 试验

采用不同频率、强度大小相同的正弦波信号进行激振,使试件产生强迫振动。加速度信号经两次积分后便获得位移信号,并由动态数据采集仪采集并加以记录。逐步增加振动频率,直至超过共振频率。

7. 试验报告

(1)叙述动力特性试验方案的制订及试验的全过程。

(2)作出共振曲线,求出钢框架结构的模型固有频率和阻尼比。

第八节 自由振动法测定结构动力特性试验

1. 试验目的

熟悉动态测量仪器、操作系统的使用方法,掌握用自由振动法测定结构动力特性的试验方法及过程。

2. 仪器设备

加速度传感器、加载块和动态数据采集分析系统等。

3. 试件准备

试件:I10×1200 工字钢 1 根、固定铰支座 1 个、活动铰支座 1 个,如图 6-16 所示。

4. 试验原理

结构的动力特性参数主要包括:自振频率、阻尼系数、振形等基本参数,也称动力特性参数或振动模态参数。这些特性由结构形式、质量布置、结构刚度、材料性质、构造连接等因素决定，与外荷载无关。

结构动力特性试验是结构动力试验的基本内容，在研究建筑结构或其他工程结构的抗震、抗风或抵御其他动荷载的性能和能力时，都必须进行结构动力特性试验，了解结构的自振特性。

测量结构动力特性的方法主要有人工激振法和环境随机振动法。人工激振法又可以分为自由振动法和强迫振动法。

5. 试验方案

本次试验采用自由振动法(图 6-16)。先用细钢丝将加载块吊装于梁下，使其产生初位移，然后突然剪断钢丝，激发工字钢梁产生自由振动。记录下振动的波形曲线(图 6-17)。通过动力测量数据采集系统分析、计算并得到结构的自振周期和阻尼比。

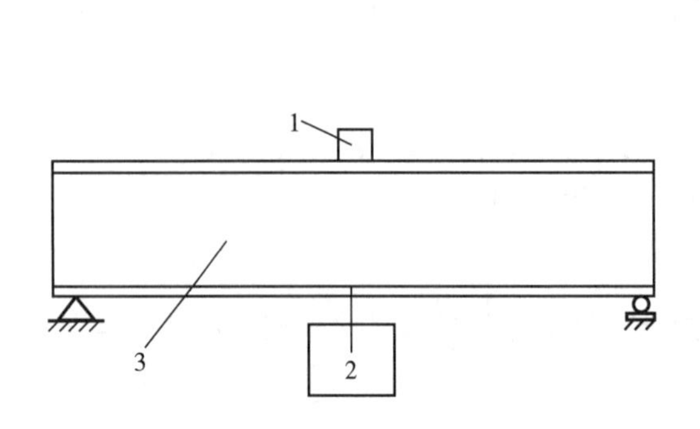

1—加速度计；2—加载块；3—工字钢。

图 6-16　自由振动法测定结构动力特性

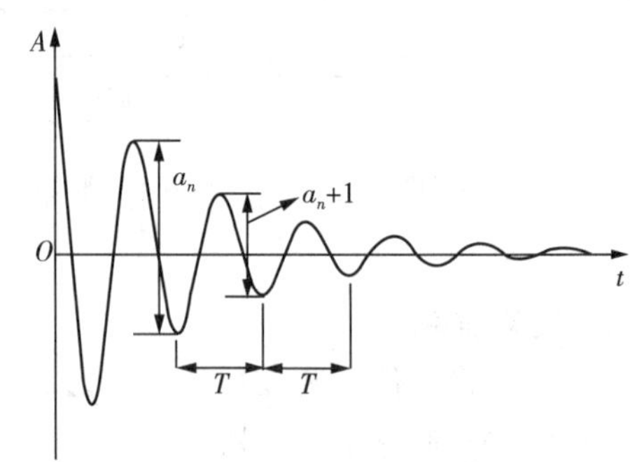

图 6-17　有阻尼自由振动波形

6. 试验报告

(1)记述整个试验方案、方法和试验过程。

(2)计算工字梁的固有振动频率和阻尼系数。

(3)比较实测值和理论值的差异，并分析原因。

参考文献

[1] 陈至源,李启令. 土木工程材料[M]. 3版. 武汉:武汉理工大学出版社,2013.

[2] 过静珺,饶云刚. 土木工程测量[M]. 4版. 武汉:武汉理工大学出版社,2012.

[3] 高学平,张效先. 水力学[M]. 北京:中国建筑工业出版社,2006.

[4] 刘杰,闫西康. 建筑结构试验[M]. 北京:机械工业出版社,2012.

[5] 刘明. 土木工程结构试验与检测[M]. 北京:高等教育出版社,2008.

[6] 温州大学建筑与土木工程学院编写组. 土木工程实验——实验指导书[M]. 北京:科学出版社,2012.

[7] 高潮,周永. 土木工程实验教程[M]. 武汉:华中科技大学出版社,2015.

[8] 栗燕,甄映红,范述怀. 土木工程实验教程[M]. 成都:西南交通大学出版社,2015.

[9] 中国建筑材料联合会. 水泥标准稠度用水量、凝结时间、安定性检验方法:GB/T 1346—2011[S]. 北京:中国标准出版社,2011.

[10] 中国建筑材料联合会. 建设用砂:GB/T 14684—2011[S]. 北京:中国标准出版社,2011.

[11] 中国建筑材料联合会. 建设用卵石、碎石:GB/T 14685—2011[S]. 北京:中国标准出版社,2011.

[12] 陕西省建筑科学研究院. 建筑砂浆基本性能试验方法标准:JGJ/T 70—2009[S]. 北京:中国建筑工业出版社,2009.

[13] 全国钢标准化技术委员会. 钢筋混凝土用钢第2部分:热轧带肋钢筋:GB 1499.2—2018[S]. 北京:中国标准出版社,2018.

[14] 中华人民共和国住房和城市建设部. 普通混凝土配合比设计规程:JGJ 55—2011[S]. 北京:中国建筑工业出版社,2011.

[15] 中华人民共和国水利部. 土工试验方法标准:GB/T 50123—2019[S]. 北京:中国计划出版社,2019.